北京市全面推行河湖长制典型案例汇编

北京市河长制办公室　北京市河湖流域管理事务中心　编

中国水利水电出版社
www.waterpub.com.cn
·北京·

内 容 提 要

本书由北京市河长制办公室和北京市河湖流域管理事务中心组织编写，总结凝练近年来北京市全面推行河湖长制工作的成果与典型案例，宣传推广河湖环境治理的优秀方法经验，向公众展示北京市优美河湖风貌，激发公众参与河湖保护与监督河湖管理的热情，对于推动北京市河湖环境治理的高质量发展，具有十分重要的现实意义。

本书可供从事河湖环境治理领域相关的管理人员与技术人员参考使用，也可供对北京市河湖流域治理感兴趣的社会公众阅读。

图书在版编目（CIP）数据

北京市全面推行河湖长制典型案例汇编 / 北京市河长制办公室，北京市河湖流域管理事务中心编. -- 北京：中国水利水电出版社，2022.12
ISBN 978-7-5226-1155-6

Ⅰ. ①北… Ⅱ. ①北… ②北… Ⅲ. ①河道整治－责任制－案例－北京 Ⅳ. ①TV882.81

中国版本图书馆CIP数据核字(2022)第241328号

书　　名	**北京市全面推行河湖长制典型案例汇编** BEIJING SHI QUANMIAN TUIXING HEHUZHANGZHI DIANXING ANLI HUIBIAN
作　　者	北京市河长制办公室　北京市河湖流域管理事务中心　编
出版发行	中国水利水电出版社 （北京市海淀区玉渊潭南路1号D座　100038） 网址：www.waterpub.com.cn E-mail：sales@mwr.gov.cn 电话：(010) 68545888（营销中心）
经　　售	北京科水图书销售有限公司 电话：(010) 68545874、63202643 全国各地新华书店和相关出版物销售网点
排　　版	中国水利水电出版社微机排版中心
印　　刷	天津嘉恒印务有限公司
规　　格	170mm×240mm　16开本　13.75印张　225千字
版　　次	2022年12月第1版　2022年12月第1次印刷
定　　价	**56.00**元

编 委 会

前言

全面推行河湖长制，是以习近平同志为核心的党中央，立足解决我国复杂水问题、保障国家水安全，从生态文明建设和经济社会发展全局出发作出的重大决策。北京围绕首都城市战略定位，坚持“河长制既是治水工作机制也是责任制，要一抓到底”和“用生态的办法解决生态的问题”的工作要求，以河湖长制为统领，不断提升流域系统治理水平，促进水与首都经济社会协调发展。

根据2016年11月28日中共中央办公厅、国务院办公厅印发的《关于全面推行河长制的意见》，2017年7月19日，市委办公厅、市政府办公厅印发了《北京市进一步全面推进河长制工作方案》（以下简称《方案》）。自《方案》实施五年多以来，北京市坚持以习近平新时代中国特色社会主义思想为指导，全面贯彻党的二十大精神，深入贯彻习近平总书记对北京一系列重要讲话精神，积极践行“节水优先、空间均衡、系统治理、两手发力”的治水思路和“以水定城、以水定地、以水定人、以水定产”原则，全面建立河湖长制，设立5300余名市、区、乡镇（街道）、村四级河湖长，完善河湖长制治水工作机制，强化河湖长履职尽责担当，首都河湖环境更加清新、水生态更加健康、水系景观更加优美，逐步呈现出“蓝绿交织、清新明亮、水城共融”的水生态格局。经过近几年的不懈努力，我市河湖长制从“有名”到“有实”，从全面建立到全面见效。

党的十九届五中全会提出“强化河湖长制”，党的十九届六中全会将河湖长制写入了《中共中央关于党的百年奋斗重大成就和历史经验的决议》，党的二十大强调“促进人与自然和谐共生”，这也给新时期河湖长制工作提出了更高标准和要求。

为及时总结推广各区河长制办公室工作经验、固化典型做法，建立互相学习、互相借鉴、共同进步的良性机制，北京市河长制办公室、北京市河湖流域管理事务中心组织征集全市全面推行河湖长制典型案例，汇编成著，供各河湖长制成员单位和各区河长制办公室工作人员参考借鉴。本书共收录33篇案例，分区进行汇编。

在案例编审过程中，17个区（含经开区）河长制办公室予以了大力支持配合，在此一并致以深挚谢意。

编委会

2022年12月

目录

海淀区

丰台区

石景山区

门头沟区

房山区

通州区

顺义区

大兴区

昌平区

平谷区

密云区

延庆区

北京市

全面推进河长制工作五年经验

北京市河长制办公室

根据中共中央办公厅、国务院办公厅《关于全面推行河长制的意见》，2017年7月19日，市委办公厅、市政府办公厅印发了《北京市进一步全面推进河长制工作方案》（以下简称《方案》）。自《方案》实施五年以来，我市水环境、水生态已经取得显著成效，河湖环境面貌焕然一新，实现了《方案》提出的阶段性工作目标。

一、总体目标完成情况

全面建立河长制，设立市、区、乡镇（街道）、村四级河长5300余名，健全完善了河长制配套制度体系。“十三五”期间，我市重要江河湖泊水功能区水质达标率达到87.5%，超过《方案》提出的达到77%以上的目标。全市污水处理率达到95%，国家考核断面水体优良比例达68%，劣Ⅴ类断面全面消除，全市平原区地下水埋深连续6年回升，累计回升9.36m，增加储量47.9亿m^3，有水河长达到2600km，干涸多年的81处泉眼复涌，水生动植物种群稳步增加，白鹭、苍鹭、黑鹳等一批珍稀水禽成为常客留鸟，水生态健康状况持续改善，主要河湖实现了水清、岸绿、安全、宜人。经过近几年的不懈努力，我市河长制从“有名”到“有实”，从全面建立到全面见效。

二、工作成效

（一）河长制责任体系和制度体系全面建立

全面建立四级河长责任体系，设立市、区两级总河长、副总河长，在永定河、潮白河、密云水库等15个流域设立市级河长，各河湖所在区、乡镇（街道）、村均分级分段设立河长。设置市、区、乡镇（街道）河长制办公室，市、区水行政主管部门主要领导担任同级河长制办公室主任，把公安、城管、园林等部门的20多个单位作为市、区两级河长制办公室的成员单位，多部门协同治水。制定市、区河长制工作方案以及会议、巡查、监督、考核等配套制度，明确各级河长主要工作职责，推动各级河长履职尽责。推进市区两级审计机关在领导干部自然资源资产离任审计中，将河长制落实情况纳入对相关部门、相关区域的审计重点内容。2017年和2021年将各区河长制工作落实情况纳入市级环保督察，加强对破坏生态环境问题的责任追究。

（二）碧水攻坚战取得决定性成效

连续实施三个三年治污方案，中心城区和城市副中心建成区基本实现污水处理设施全覆盖、全收集和全处理。全市142条段黑臭水体、排查出的1000余条小微水体全部完成治理，出台小微水体整治管护规范，长效巩固治理结果。19条劣Ⅴ类水体完成治理11条。常态化开展“清管行动”，最大限度减少初期雨水污染。全市再生水年利用与配置量超过12亿m^3。基本完成全市饮用水水源保护区划定工作。密云水库等主要集中式饮用水水源地水质持续达到国家标准，地表水环境质量明显改善，100个考核断面（含国家地表水考核断面）中，Ⅰ～Ⅲ类水质断面占比70%，无劣Ⅴ类断面。淘汰和停用全部汽柴油动力游船，推动新能源船舶应用，建立船舶污染防控机制。因地制宜推进行政村生活垃圾源头减量、分类收运和资源化利用工作，完成1500个生活垃圾分类示范村创建。推动厕所革命，开展农村公厕达标改造，13个涉农区有农村公厕8199座，完成改造2526座。畜禽粪污综合利用率提高至95.02%。清河、坝河、通惠河、凉水河、萧太后河等人口密集区域的主要河道实现水清岸绿，全市水环境质量大幅改善。

（三）水生态保护与修复发生转折性变化

持续推进京冀生态水源保护林建设，全市新建和恢复湿地1.1万hm^2。推动永定河综合治理与生态修复，全面实践“以水开路、用水引路”，永定河、潮白河等五大主干河流26年来全部重现“流动的河”并贯通入海。健全生态清洁小流域管护机制，持续推进生态清洁小流域建设，京冀携手建成张承地区生态清洁小流域600km^2。推进建立永定河流域水源保护横向生态补偿机制，继续实施密云水库上游潮白河流域水源涵养区横向生态保护补偿机制，推进上下游协同治理，全市水环境区域补偿的年度补偿金持续下降，水环境持续向好。开展河湖健康评价，形成对五大水系重要水源地、湿地、河湖水系全覆盖的水生态监测站网体系，2021年优良水体比例达75.7%。持续开展地下水超采治理，严格实行地下水取水总量和水位双控制度，加强全市泉眼管理，完善地下水动态通报机制。“三山五园”玉泉山片区河湖水系基本恢复。

（四）水资源保障实现历史性突破

依法加强取水许可制度建设，建成全市取水许可电子证照核发系统。推行建设项目水影响评价简政放权、评审合一制度。全市水资源配置总量严格控制在41.7亿m^3以内，万元地区生产总值用水量由2017年的13.2m^3下降到2020年的11.2m^3，农田灌溉水有效利用系数由0.732提高到0.75，均居全国领先。坚持节水优先战略，启动百项节水标准规范提升工程，建成区海绵城市达标率超24%。健全农业水价形成机制，完成农业水价综合改革面积177万亩。强化全市水资源优化调度，珍惜用好南水北调水，2014年以来累计接收南水北调来水超75亿m^3。张坊、怀柔、平谷等地下水源地保障能力有效恢复。初步监测显示，地下水超采区面积由2015年最严重时的6613km^2减少到1200km^2，减幅达82%。祖国母亲河黄河与北京母亲河永定河实现历史性“握手”。密云水库蓄水最多达35.79亿m^3，创历史最高。北京市在国务院最严格水资源管理制度考核中2018—2021年连续三年被评为优秀。

（五）河湖岸线管理取得阶段性进展

全面开展河湖管理保护范围划定，推动完成重点水域勘界钉桩，全市主要河湖和重点河道已划定管理和保护范围并实现矢量化落图公告。开展岸线综合整治，深入推进河湖“清四乱”常态化，累计整治“四乱”问题1454个，清理乱堆200余万m^3、乱建90余万m^2。加强水生态空间管控，出台河湖水生态空间划定指导意见。根据河道的特点及水域空间管理要求，因地划定临水控制线、设计洪水淹没线、河道上开口线、河道管理范围线、保护范围线，将水域空间划分为河道主流区、滩地淹没区、滩地保护区、岸线管理区和岸线保护区。对不同区域依法依规提出不同的管控要求，利用河长制推动管控规划落实落地。潮白河、北运河等全市150条河流和重点大中型水库水生态空间管控规划编制完成。

（六）执法监督管理水平迈向新台阶

研究推进《北京市节水条例》立法工作，将河长制写入《北京市水污染防治条例》和《北京市河湖保护管理条例》，通过完善法规实现河道砂石禁采等重大水务管理制度法制化、规范化。将河长制工作纳入街道和乡镇职责中，明确建立本级河长制，分级分段组织领导本辖区内河流、湖泊的水资源保护、水域岸线管理、水污染防治、水环境治理等工作。健全完善“河长＋警长＋检察长”工作机制，强化行政执法与刑事司法的有效衔接。建立水环境保护联合执法工作机制，推动市各有关部门形成执法工作合力。各级执法部门共开展行政执法检查 55 万余件，查处水事违法案件 5.48 万余件，罚款 1.74 亿余元，办理涉水刑事案件 312 起，拘留 513 人。

（七）为民服务迈出崭新步伐

稳步推进河湖岸线空间开放共享，完善河湖空间服务设施，提升河湖绿化景观，进一步开辟垂钓区、滑冰场和皮划艇活动区，大力推进城市滨水空间慢行系统建设。编印河湖空间服务指南和市民文明游河湖公约。西郊雨洪调蓄工程向社会开放，温榆河公园朝阳示范区开园，朝阳区亮马河国际风情水岸开放轻舟夜游，温榆河公园昌平“未来智谷”开园，大运河北京段实现通航，凉水河、西南二环水系等滨水游憩通道全面打通，“亲水游”已蔚然成风，许多河湖水系成为市民的“网红打卡地”。持续开展“引导市民安全文明游河”专项行动，满足疫情期间市民游河需要。《北京市城市河湖滨水慢行系统规划》经发布实施，建成北运河滨水通道 50km，实施 49 段 90km 巡河路交通秩序综合整治。密云水库等 4 处爱国主义教育基地向社会开放，联合市文物局发布昆明湖等第一批 7 处水利遗产名录。

（八）信息化建设取得长足发展

开发完成北京市河长制管理信息系统、北京河长 APP，实现了各级河湖长及一线工作人员智能化办公。设立勤劳河长、慧眼河长排名，发挥正向激励作用。提升管理科技化水平，探索对全市主要国家地表水考核断面、优美河湖、整治后的黑臭水体等 200 处监测点水质进行实时监测。在重点河湖试点实施视频集控与河湖智能巡查系统技术，助推实现精准化打击河湖环境违法行为，依法治水。开发上线河湖热点区域人口流动热力图，50 条段河湖已实现实时游河人数统计，助力精准管控。

三、主要做法

（一）坚持高位推动，逐级夯实责任制

市总河长专题调研河长制工作，提出“四抓五保”的要求，并强调“河长制既是治水工作机制也是责任制，要一抓到底”“严格落实四级河长制”。市总河长多次进行部署并深入现场督办检查，对各级河长提出“在岗、在职、在责”的要求，坚持用生态的办法解决生态的问题。五年间，各市级河长深入一线督导检查222人次，并先后447次对河长制工作作出批示。区、镇、村级河（湖）长累计巡河140万余次，累计协调解决问题近14万件，推进了河湖保护，有效加强了河湖治理管护。

（二）坚持以总河长令为统领，突出治河向治水转变

自2018年连续五年由两位市总河长共同签发总河长令，持续全面推动“清河行动”向纵深发展，进一步强化各级河长履职尽责，压实各部门、各区河长制治水责任制工作任务。总河长令主要内容由河湖“清四乱”到小微水体专项整治，再到治水责任制任务清单，体现了进一步推动健全以河长制为统领的涵盖各类水体的治理体系、执法体系、监管体系，加快推进治河向治水转变。

（三）坚持常抓落实，推动问题解决

建立健全“发现—移交—督导—整改—核实—反馈”的河长闭环工作机制。各级河长通过巡河发现问题，移交到属地（部门）整改，河长办跟踪督导执法和整改过程，了解问题整改情况并进行复核，确保问题得到有效解决。深化落实“街乡吹哨、部门报到”联动机制，破解基层水环境治理难题，解决发现违法后的指挥调度问题、多部门联合执法的协作问题。

（四）加强统筹协调，完善工作机制

坚持将12345市民服务热线涉河湖问题与河长巡河情况进行关联分析，切实推进涉河湖问题从“接诉即办”向主动治理转变。强化部门联动协调，加强信息共享，推进河湖“四乱”问题整治、小微水体治理、考核断面达标等重点任务落实。建立同疫情防控相适应的河湖管护工作秩序，多部门联合开展疫情期间河湖管护专项行动。

（五）强化监督考核，严格责任落实

深入推进流域源头治理、系统治理和综合治理，推动从工程监管向流域监管迈进。将群众身边的小微水体整治纳入市委生态文明委重点督察内容，推进农村水环境长效管护。开展河长制专项督查，对发现的问题以“一区一单”形式通报各区督促整改落实。将河长制工作纳入全市区委书记月度工作点评会推进工作落实。将河长制工作纳入政府绩效管理，对重点任务进行绩效考核。严格落实“月检查、月排名、月通报”制度，每月对河湖管护情况及督导检查发现的问题进行通报。强化问责，对履职不到位、导致问题频发或造成不良影响的基层河长和相关责任人进行约谈，激发基层河长履职尽职的主动性。健全“每月通报、双月调度、季度报告”工作机制，督办重点任务落实；进一步夯实责任，对履职不到位的河湖长点名通报。

（六）加强社会监督，引导社会参与

全市设立4000余块河长信息公示牌、1000余块小微水体公示牌，向社会公示河长信息、管护目标、监督电话等内容。注重科技赋能，利用“水环境侦察兵”、游人热力图等助力河湖精准化治理、为民高效服务。持续开展优美河湖评定，5年累计评定出92处优美河湖，组织开展“河长带你看河湖”“优美河湖在身边”等系列宣传活动，扎实推进首都幸福河湖建设。凉水河北京经济技术开发区段（简称“凉水河经开区段”）已建设成为全国首批示范河湖。“丰台当班河长”“朝阳群众小河长”等民间队伍开展巡河护河行动，公众参与热情不断提升，3人当选全国“最美河湖卫士”。

四、存在不足

（一）坚持问题导向，“三查、三清、三治、三管”责任还需进一步深化落实

当前首都河湖长制工作进入了一个新的发展阶段，“表象在水中，问题在岸上，根源在流域”，需要“跳出河湖看河湖”，已有“三查、三清、三治、三管”责任既没有完全落实到位，也不能精准解决当前面临的新形势和新问题，污水直排入河问题仍然存在，垃圾乱堆乱倒现象反复出现，很多涉河湖违法违规问题尚未彻底查清，雨后河湖水质环境变差的情况时有发生。农村地区污水处理不到位，部分现有污水处理设施存在规模小、设备老、管护少的问题。河道管理范围内的农业种植不规范，农作物秸秆处理、化肥农药减量、规模以下畜禽养殖污染防治还需进一步推进。管线混接错接、合流制溢流污染、小微水体日常管护等问题还需进一步强化解决。

（二）坚持需求导向，“三治、三管”责任还需进一步强化落实

流域治理的法治精治共治能力不足，精准化服务水平还不够高，河湖管护“最后一公里”基础薄弱，经费投入没有保障，缺少信息化、智能化手段，第一时间发现、解决河湖问题的技术和力量不足。另外，人民群众对水的需求已从“有没有”转向了“好不好”，河湖空间开放共享力度还需提升，滨河步道，亲水空间等便民配套设施还未健全，还景于河、还河于民的举措尚未完全实施。

（三）河长制工作机制仍需进一步完善

河长办成员单位众多，统筹力度不够，各成员单位没有充分认识河长制工作的实施要遵循“不打破现行管理体制、不改变部门职责分工、不代替部门‘三定’职责”的基本原则。实际工作中，存在成员单位会组织难，征求意见反馈难，交叉问题解决难的现象，在小微水体治理、农村治污、垃圾处理等重点问题解决上还需进一步形成合力。岸线与周边区域的生态环境联建联管机制尚未完全形成。“河长＋警长＋检察长”工作机制没有完全落实，行政执法和刑事司法相衔接（简称“行刑衔接”）需进一步强化，目前少有向检察机关线索移交的成功案例。河长制工作与审计监督和环保督察尚未形成合力。实践中一些行之有效的新做法尚未以文件形式固定。

（四）监督考核力度不足

部分基层河长巡河存在敷衍的情况，巡河工作流于形式，不能主动发现、上报河湖存在的问题。各级河长监督检查力度不够，上级河长对下级河长没有形成有效的监督，对于责任落实不到位的基层河长，不能及时督促与指导。未开展过全市河长制先进评选表彰工作，考核与激励机制未有效建立。

五、下一步建议

深入贯彻落实习近平生态文明思想和习近平总书记关于治水重要讲话指示批示精神，积极践行“节水优先、空间均衡、系统治理、两手发力”的治水思路和“以水定城、以水定地、以水定人、以水定产”原则，认真落实十九届五中全会审议通过的《中共中央关于制定国民经济和社会发展第十四个五年规划和二〇三五年远景目标的建议》中关于“强化河湖长制”决策部署，进一步完善河湖长组织体系，明确河长工作职责；丰富“三查、三清、三治、三管”内涵，推进流域管理，突出治水为民、服务为民。

（一）转变工作思路

一是突出从治河向治水转变。提高河道水系连通性，让地表水动起来、地下水管起来，实现地表水和地下水良性互动。深入贯彻落实最严格水资源管理制度，加大节水力度，增加水资源战略储备。二是突出从河湖治理向流域治理转变。坚持流域系统观念，坚持全流域“一盘棋”，强化流域治理管理的重点任务是强化流域统一规划、统一治理、统一调度、统一管理。三是突出从治标向治本转变。用生态的办法解决生态的问题，加强水生态保护与修复，严守生态底线，保障河流基本生态流量，构建健康河湖水生态系统。加大截污治污力度，提高污水处理能力，降低污染物排放量，从根本上解决水质问题，彻底消除劣Ⅴ类水体。

（二）丰富“三查、三清、三治、三管”内涵

一是强化顽瘴痼疾问题巡查监管，即严查入河污染源、严查小微水体日常管护和农村地区水务工程设施监管短板、严查涉河湖违法建设；二是强化全流域系统治理管理，即清河湖蓝线、清管理保护范围、清流域；三是推进流域治理精治共治法治；四是强化服务为民、治水为民，即管节水、管用水、管服务。

（三）强化组织保障

一是完善组织体系，强化以党政主要领导为主体的三级总河长、三级执行总河长和四级流域河长组织体系。二是强化责任落实，规范各级河湖长履职行为，发挥各级河湖长履职作用。三是健全完善工作机制，优化市河长制办公室成员单位责任分工，健全正向激励机制。四是强化督察考核问责，建立河湖长制督察制度，加大考核和约谈问责力度。

奋力谱写新时代首都河湖治理新篇章

北京市河长制办公室

水是生存之本、文明之源。保护江河湖泊，事关人民群众福祉，事关中华民族长远发展。以习近平同志为核心的党中央从人与自然和谐共生、建设生态文明的战略高度，作出全面推行河长制的重大决策部署。自《北京市进一步推进河长制工作方案》实施以来，北京市牢固树立“四个意识”，坚定“四个自信”，坚决做到“两个维护”，以全面落实河长制为统领，坚定不移打赢河湖治理攻坚战保卫战，坚持不懈推进河长制从“有名”到“有实”，推动河长治河成为常态、河湖面貌焕然一新，一大批幸福河湖亲水家园成为城市“金名片”，为首都高质量发展提供有力支撑。

一、坚决扛起河长治河的重大政治责任

习近平总书记在2017年新年贺词中指出“每条河流要有‘河长’了”。这是情系民生的庄严承诺，也是全面推进河长制的动员号令。按照党中央、国务院部署要求，全市上下深刻认识河长制工作的重大意义，坚持“河长制既是治水工作机制又是责任制，要一抓到底”，全面建立起河长制责任体系和工作体系，切实把维护河湖健康作为重大政治责任抓实抓好，努力推动见河长、见行动、见成效、见长效。首都河湖治理管护进入了新阶段。

划定“责任田”，全面落实河长责任“有人管”。全市建立了市、区、乡镇（街道）、村四级河长体系，设立市、区两级总河长、副总河长。市总河长由市委、市政府主要领导担任，副总河长由市委相关领导和分管水务工作的市政府领导担任。在永定河、潮白河、北运河、密云水库、官厅水库等15个流域设立市级河长，各流域市级河长由市级领导担任。全市

425 条河、88 座水库，设置四级河长共 5300 余名。每位河长明确履职责任和工作内容，真正做到守河有责、守河担责、守河尽责，每条河流都有了“健康守护人”。

建立新机制，强化统筹协调作用“管得好”。设立北京市河长制办公室，作为河长制常设工作机构，落实职责任务和人员编制。建立多部门联动治水工作机制，由水务、公安、规划、生态环境、住建、城管、农业农村、园林绿化等 20 多个单位及部门组成办公室，主动对接污染物追根溯源、河湖岸线划定、农业面源污染治理、垃圾整治、河湖绿化景观提升、河湖保护志愿服务等任务，协同推进三查（严查污水直排入河、垃圾乱堆乱倒、涉河湖违法建设）、三清（清河岸、清河面、清河底）、三治（水污染治理、水环境治理、水生态治理）、三管（严格水资源管理、河湖岸线管理、执法监督管理）。建立完善河湖长巡查履职、联防联控、监督检查、考核问责等制度，推动河长制任务落实落地。

聚焦强监管，发挥体制制度优势“管长远”。每年市委书记、市长共同签发市总河长令，明确年度重点难点任务，实行各部门、各区河长制工作清单化管理。建立健全“发现—移交—督导—整改—核实—反馈”的河长闭环工作机制。建立“月检查、月排名、月通报”制度，将工作中突出问题纳入区委书记月度点评会。推动实现河长制、河道砂石禁采、海绵城市建设等重点制度入法；建立“河长＋警长＋检察长”、公益诉讼及生态损害赔偿的工作机制，强化行政执法与刑事司法的有效衔接。将河长履职情况纳入市、区干部自然资源资产离任审计和生态环保督查，加强对破坏生态环境问题的责任追究。深化落实“街乡吹哨、部门报到”联动机制，全市设立了 4000 余块河长信息公示牌，向社会公示监督电话等内容，强化市民监督，破解基层水环境治理难题。组织开展多种形式的志愿巡河护河活动，引导“丰台当班河长”“朝阳群众小河长”“老街坊巡河队”等社会团体开展河湖监督巡查行动。

二、全面打赢河湖治理的攻坚战保卫战

习近平总书记指出，河川之危、水源之危是生存环境之危、民族存续之危。针对北京河水断流、地下水超采、地面沉降等令人揪心的问题。全面推行河长制，摆在首位的任务就是如何统筹破解水资源短缺、水生态损

害、水环境污染与水旱灾害交织的复杂水问题，还河湖以“安全、洁净、生态、优美、为民”。

聚焦“安全”目标，以流域为单元筑牢河湖生态安全和防洪安全底线。以永定河、潮白河、北运河等五大流域为重点，管好“盛水的盆”，狠抓还地于河，编制完成永定河、潮白河等全市150条河流和重点大中型水库水生态空间管控规划，细分区域、勘定边界、明确管控要求，实施分区用途管制，筑牢水生态空间防线。常态化开展“清四乱”专项行动、“清河行动”，集中整治违法违规侵占水生态空间等“老大难”问题，对摸排出的1418个“四乱”问题全面完成整治，清理乱堆200余万 m^3、乱建90余万 m^2，打通堵点，疏通河道，畅通水流，亮出岸线，有效推进水生态空间落实落地，保障河湖行洪安全。

聚焦“洁净”目标，坚持溯源治理、水岸共治，打赢治污攻坚战。河流污染表象在水里，根子在岸上。奔着问题去，实施流域上下游、干支流、左右岸、岸上岸下系统治理，综合整治，接续实施“三年治污行动”，全市污水处理率从86%提高到95.8%，城镇地区基本实现污水全收集全处理，累计解决2100多个村庄污水收集处理问题。连续四年开展“清管行动”，清掏雨水口、雨水管线污染物。出台实施积水内涝防治及溢流污染控制方案，多措并举控制城市面源污染。全市排查出的142条黑臭水体、1000余条小微水体全部完成治理并持续巩固。加强水资源保护和涵养，出台《京冀密云水库水源保护共同行动方案》《密云水库流域水生态保护与发展规划》，深入推进上游保水、护林保水、库区保水、依法保水、政策保水，密云水库水质长期稳定在地表水Ⅱ类标准。2021年国家地表水考核断面中劣Ⅴ类断面水体全面消除，全市优良水体比例达70%，水环境质量大幅提升。

聚焦“生态”目标，用生态的办法解决生态问题，大力开展河湖复苏行动。针对因长年干涸许多河流形态消失、生态空间被占、流动性被阻等突出问题，首先从复苏北京的母亲河永定河开始，大力实施山水林田湖草沙一体化保护和系统治理，全线推进永定河综合治理与生态修复。探索“以水开路、用水引路”生态治理，“以水开路”求“破”，以自然之力打通河流通道；“用水引路”求“立”，以自然之势重塑河流形态。2019年以来实施四次生态补水，探索出“湿河底、拉河槽、定河型、复生态”治理模式，2021 年实现全流域 26 年来首次全线水流贯通入海；并在潮白河等流域推广实践，断流 22 年的潮白河干流实现全线水流贯通。同时，坚持地表、地下一体修复，全市平原区地下水位连续 6 年回升，累计回升 9.36m、增加储量 47.9 亿 m^3，其中 2021 年回升 5.64m、增加储量 28.9 亿 m^3。有力推进河湖生态环境复苏，维护了河湖健康生命。

聚焦“优美”目标，强化河湖运行监管，不断擦亮绿水青山美丽底色。全面推进水利工程运维标准化、专业化、生态化。建立水务综合执法体制，开展河湖治理、水资源管理、污水排放等重点督查，进一步加强生产建设项目水土保持监督管理。2021 年查处违法案件 8300 余件、罚款 3900 多万元，分别是 2015 年的 19.5 倍和 6.3 倍。凉水河经开区段成为我市首个国家级示范河湖“样板河”，清河、坝河、通惠河、萧太后河、玉带河等一批人口密集区河道实现长治久清。落实西山永定河、大运河、长城文化带保护利用工作，大力推进历史水系恢复，“三山五园”玉泉山片区循环水网全面建成。开展水文化遗产认定，做好有效保护和永续利用，进一步擦亮清新明亮、蓝绿交织、水城共融的大国首都底色。

聚焦“为民”目标，利用改善的水生态环境不断满足市民多样化亲水新需求，建设“幸福河湖”。围绕把群众身边的河湖治理好，提供更多优质生态产品，还给老百姓清水绿岸、鱼翔浅底的景象。发布施行《北京市城市河湖滨水慢行系统规划》，发布昆明湖等第一批 7 处水利遗产名录。连续三年开展“引导市民安全文明游河”专项行动，引导广大市民积极参与河道巡查、垃圾清理等工作，及时劝导不文明甚至违法违规游河行为，营造了良好的休闲出游环境。持续加大滨水空间开放共享便民力度，利用蓄滞洪区建设公园，开辟河湖滑冰场、垂钓区、皮划艇区域以及水利爱国主义教育基地并向社会开放，大运河北京段实现游船通航，朝阳区亮马河国际风情水岸开放轻舟夜游，首都最大“绿肺”温榆河公园朝阳示范区和昌平“未来智谷”开园。亲水游已蔚然成风，许多河湖水系成为“网红打卡地”。

通过近年努力，2021 年密云水库蓄水 35.79 亿 m^3、创建库以来最高纪录，永定河、潮白河等全市五大河流全部重现“流动的河”并贯通入海，新增有水河道 27 条、有水河长 452km、水面 $32km^2$，不少干涸多年的河道水库复苏、泉眼复涌；河湖新增违法建设实现动态清零，全市重要江河湖泊水功能区水质达标率从57.1%提升到88.9%，健康水体从60%提升到86%，底栖动物种类从44种增加到230种，大型水生植物从46种增加到81种，累计调查鱼类61种，全市很多河流、湖库成为鸟类迁徙的驿站和栖息的乐园，河湖健康和水生生物多样性水平大幅提升。河长制从“有名”到“有实”，从“全面建立”到“全面见效”，水生态环境建设成果成为最普惠的公共产品，市民的获得感、幸福感、安全感显著增强。

三、坚定不移推动河长制工作向纵深发展

习近平总书记强调，要走好水安全有效保障、水资源高效利用、水生态明显改善的集约节约发展之路。河长制治水实践使我们深刻认识到，对北京这样水资源严重短缺的超大城市，全面推行河长制是有力缓解人水矛盾、实现人水和谐、确保首都水安全的重要长效机制，要坚持不懈、一抓到底、久久为功。

一是必须深入学习贯彻习近平生态文明思想和“节水优先、空间均衡、系统治理、两手发力”的治水思路，将其作为根本遵循。牢固树立“绿水青山就是金山银山”理念，持续狠抓“节水优先”，深入落实最严格的水资源管理制度，坚持更高标准推进节水型社会建设。狠抓“空间均衡”，利用天然河流及输配水系统，不断完善城市水网，构建水安全保障空间格局。狠抓“系统治理”，以河流为骨干，以分水岭为边界，以流域为单元，统筹山水林田湖草沙一体化保护和系统修复，坚定不移打赢水环境治理攻坚战保卫战，全面推进复苏河湖生态环境。狠抓“两手发力”，推进水生态产品价值实现。

二是必须深入落实首都城市战略定位，统筹水与经济社会协调发展。紧紧围绕推进非首都功能疏解“牛鼻子”，坚定不移贯彻“四水四定”原则要求，跳出“就水论水”的惯性思维，坚持全局观念、系统观念，发挥水资源的最大刚性约束作用，严格实施水生态空间管控制度、新城镇村等水要素规划管控、“取供用排”全过程协同监管、河流空间与地下水空间一体化修复，以水资源的约束引导推动优化城市空间布局、产业结构和人口规模，促进水与首都经济社会协调发展。

三是必须牢固树立系统观念，统筹推进治河、治水与治流域。遵循水的自然循环和社会循环规律，以河长制为统领，实施流域“统一规划、统

一治理、统一调度、统一管理”，加强流域上下游、干支流、左右岸、岸上岸下系统治理、溯源治理、综合整治、团结治水，进一步推动健全以河长制为统领的水治理体系，深入推进“治河”向“治水”转变、“治河”向“治流域”转变。

四是必须深入贯彻以人民为中心的发展思想，推进共治共享。让人民生活幸福是“国之大者”，满足老百姓对水的高品质需求是人民幸福的重要目标。必须始终坚持把治水为民、水惠民生作为河长制工作的根本价值追求，牢牢聚焦“七有”“五性”要求，准确把握人民群众对水的多样化新需求，进一步提升水服务供给的保障标准、保障能力、保障质量，让人民群众有更多、更直接、更实在的获得感、幸福感、安全感。

四、奋力开启新时代河湖治理的新篇章

习近平总书记指出，人与自然是生命共同体，人类必须尊重自然、顺应自然、保护自然。推进河长制工作要牢固树立社会主义生态文明观，树立人与自然和谐共生的理念，完整、准确、全面贯彻落实新发展理念，像保护眼睛一样保护生态环境，像对待生命一样对待生态环境，不断凝聚社会各界攻坚治水的强大合力，推动河湖生态环境实现根本好转。

一是持续强化责任制和工作机制。加强河长履职、监督检查、正向激励和考核问责，制定河湖长履职规范，进一步细化各级河湖长职责任务。建立上一级总河长和流域河长定期听取下一级河长履行职责情况汇报制度，加强对相关部门和下一级河长的督导检查，形成党政主导、水务牵头、部门协同、社会共治的水治理机制。

二是持续推进流域统筹治理管理。遵循河湖的流域性根本特性，出台强化河湖长制实施意见，切实开展流域统筹综合治理，坚持全流域“一盘棋”，强化总河长令实施，压紧压实各级河长治河管流域责任，深入推进水资源保护、水域岸线管理、水污染防治、水环境治理、水生态修复、执法监管等流域统筹、水岸共治，进一步形成攻坚合力。

三是持续探索“多长联动”协同机制。因地制宜探索设立巡河员、护河员等公益性岗位，实施河长制、林长制、田长制“三长联动、一巡三查”，推进巡河员、护河员与管水员、护林员、网格员相结合，推动解决河湖管理保护“最后一公里”问题，实现全市山水林田湖草沙生命共同体

整体保护和系统治理。

四是持续开展河湖生态环境复苏行动。制定出台第四个城乡水环境治理行动方案，在聚焦现阶段河湖治理突出问题的基础上，坚持用生态的办法解决生态的问题，加快推进永定河、潮白河、北运河、大清河等重点流域综合治理与生态修复，划定水生态功能区，保障河流基本生态流量，有序推进山水林田湖草沙一体化保护和系统修复，构建健康河湖水网体系。

五是持续加大水资源集约节约利用力度。全面贯彻“四水四定”原则，加快建立水资源刚性约束制度，严格实施全市生产生活年用水总量管控制度，规范取用水行为。持续开展地下水超采治理，加快建立水资源战略储备制度。出台实施《北京市节水条例》，全面实施节水行动，提高水资源集约节约利用水平。

六是持续拓展河湖空间开放共享水平。积极推动河湖滨水公共空间立法工作，加快滨水慢行系统及配套便民设施建设，推进历史水系恢复和保护利用，打造生活休闲、自然生态水岸，提升水景观品质，构建完善宜业、宜居、宜乐、宜游的滨水空间体系。加快智慧河湖建设，打造“天、空、地、人”立体化监管网络，为河湖智慧化公共服务和管理提供支撑。

生态兴则文明兴。深入实施河长制，复苏河湖生态环境，维护河湖健康生命，实现河湖功能永续利用，是新时代首都生态文明建设的神圣职责。我们将踔厉奋发、笃行不怠，努力建设更多造福首都市民的幸福河湖，不断绘就首都河湖清新明亮的壮美画卷。

永定河平原段管理保护范围内违法违规问题清理整治经验和做法

北京市河湖流域管理事务中心

| 亮点 |

在扎实有效推进永定河平原段管理保护范围内违法违规问题清理整治过程中，坚持依法依规整治；坚持尊重历史、正视现实；严守河道行洪安全底线，守住生态保护的红线；坚持禁增量、清存量；坚持部门联动、合力推进。以推动实现“流动的河、清洁的河、绿色的河、安全的河”为治理目标，以强化流域管理、建立常态化、智慧化管控为手段，引导全社会人员参与、监督，营造违法行为有人制止、出现问题有人处置的河流管理保护新局面。

一、案例背景

通过多年来的治理建设、生态补水，2021 年永定河实现了 26 年来的首次全线通水，但由于沿岸社会经济发展不均衡，河道生态空间管控力度不足，侵占河道岸线、水域空间问题日渐凸显，严重影响了北京“母亲河”的形象。

为贯彻落实习近平生态文明思想和习近平总书记有关河湖管理保护一系列重要讲话精神，严格遵守水务、渔业相关法律法规的有关规定，按照国家《永定河综合治理和生态修复总体方案》和市委市政府批准的《永定河水域空间管控规划》要求，通过拆除违法违规建设、清退阻碍行洪的林木、清除垃圾渣土、依法打击涉水违法行为、规范农业种植、加快相关治理工程建设等措施，维护永定河健康生态环境，推动实现“流动的河、清洁的河、绿色的河、安全的河”治理目标。

二、主要做法和措施

2021年7月初，水利部对永定河宛平湖以下河段检查发现疑似“四乱”问题，就此情况市局领导立即组织现场调研，部署相关工作。永定河平原段管理保护范围内违法违规问题清理整治工作初期，北京市永定河管理处给沿河五区水务局和直属所下发了《关于全面摸排管理保护范围内建筑物、构筑物情况的通知》。按照《北京市永定河水域空间管控规划》中平原段水生态空间功能区划分，根据永定河临水控制线、设计洪水淹没线、河道上开口线、河道管理范围线和保护范围线5条线，将河道分为河道主流区、滩地淹没区、滩地保护区、岸线管理区和岸线保护区5个区。北京市河湖流域管理事务中心联合北京市永定河管理处，丰台区、房山区、大兴区河长办等河道管理部门，以及责任属地乡镇，逐项现场排查点位。确定主要问题为垃圾渣土、高尔夫球场河道管理保护范围内的设施、砂石坑、房屋、设施农业及配套设施、林木以及其他违法违规问题（非法捕鱼、沙滩越野、倾倒垃圾等）共计7类问题。同时根据建设时间、批复手续、所在位置等具体情况，按照不同整治标准，配合北京市水务局河长制工作处、水利工程运行管理处于8月初建立永定河平原段管理保护范围内违法违规问题清理整治任务共计120项。

房山区长阳国际高尔夫主体建筑拆除前后

为扎实有效推动清理整治工作，北京市河湖流域管理事务中心一是坚持依法依规整治。严格执行水法律、法规规定，严格落实《永定河水域空间管控规划》要求。二是坚持尊重历史、正视现实。针对河道管理保护范围内存在问题发生的时间，按照水法规颁布实施前和实施后分别依法依规处理，同时制定工作实施方案、专项方案，梳理清理整治工作前期通知文件、会议纪要、台账清单、各权属单位整治方案等材料，分类归档，掌握清理整治工作任务及时间节点，真正摸清底数，做到有的放矢。三是严守河道行洪安全的底线，守住生态保护的红线。按照河道主流区、滩地淹没区、滩地保护区、岸线管理区和岸线保护区不同整治标准，分类分区处置。四是坚持禁增量、清存量。在清理整治工作中整治一处、复核一处、销号一处。同时坚持举一反三，遏制新增问题，逐项完善工作台账并实现动态管理，确保台账管理不打折扣，坚决彻底清理整治各类违法违规行为。五是坚持部门联动、合力推进。对于整治不到位问题，报市河长办以“督办单”形式交办各区政府实行闭环管理。对于清理整治难度大的问题，充分发挥河长制平台作用，沟通各相关部门，集中各方资源形成合力推进清理整治工作。

三、成效

开展永定河清理整治工作是践行习近平生态文明思想、统筹山水林田湖草沙系统综合治理的具体体现。此次清理整治任务包括了房屋、蔬菜大棚、林木、垃圾渣土等各类型问题，同时大多属于历史遗留问题，建设年代久远，涉及产权单位复杂。本次清理整治工作行动快、力度大，各权属单位积极响应，在疫情形势严峻的情况下取得阶段性成果。截至目前，清理整治台账中 120 项已完成整改 72 项。其中，已拆除建筑物、构筑物 39 项（合计拆除面积近 6 万 m^2）、保留规范管理汛铺房 5 项、《水法》颁布前

永定河生态补水

已存在并通过防洪影响评价保留 8 项、清理垃圾 5 项（合计清理垃圾 3 万余 t)、治理非法捕鱼和越野 6 项、制定村庄拆迁腾退计划 9 项。通过清理整治工作永定河平原段管理保护范围内侵占河道岸线、水域空间问题得到极大改善，实现了水清岸绿的新局面，同时有效提升河道行洪能力，保障了河道周边人民生命财产安全。

四、思考与启示

以推动实现“流动的河、清洁的河、绿色的河、安全的河”为治理目标，在永定河平原段管理保护范围内违法违规问题清理整治工作中一是树立尊重自然、顺应自然、保护自然的生态文明理念，践行绿水青山就是金山银山，维护河湖健康生命，实现人水和谐共生。河道主流区尽可能维持河流自然形态和生态风貌，充分发挥河流生态系统的自净能力和自我调节能力，促进河流生态系统健康。二是强化流域管理，建立常态化的管控手段。强化流域统一规划、统一治理、统一调度、统一管理，立足流域整体，做到主河道不断流，有效避免侵占河道违法行为。发挥河长制机制，进一步完善巡河过程中发现问题的处置、上报、移交、查处、执法等闭环式管理流程。做到及时发现问题，处置问题。强化执法监督管理，以各级河长为核心，统筹上下游、左右岸、干支流，打破地区和行业壁垒，联合不同行政区域、不同行业的执法力量，引导全社会人员参与、监督，营造违法行为有人制止、出现问题有人处置的河流管理保护新局面。三是推进智慧化管控手段，传统的巡查河道方法多为人工定点巡查，受地形地貌、时间跨度等因素影响，难以追寻源头，致使获取的有效信息缓慢甚至不能获取有效信息。通过智能识别监控、卫星遥感、无人机遥感等新技术能够对重点区域实时监控，有效提升巡查效果，掌握河道变化情况。

以闭环工作机制为抓手 持续建设优美河湖

北京市河长制办公室

| 亮点 |

为了严格落实全面推行河长制的工作，清河流域市级河长联络办公室逐渐摸索出一套“现场督查，视频记录—会议协调，纪要落实—整改反馈，定期报告”的闭环工作机制，落实“三查、三清、三治、三管”工作要求，高标准推进坑塘、边沟边渠等小微水体综合整治，推动实现小微水体“无垃圾渣土、无集中漂浮物、无污水排入、无臭味、无违法建设”的“五无”目标，确保了河长制工作有力推进。

一、案例背景

2017 年北京市全面推行河长制以来，清河流域市级河长联络办公室（简称“清河流域办”）通过高位推动，中位传动、低位联动，充分调动多方资源，合力解决难题。通过构建联防联动联治、信息互通共享、联合执法处罚等长效机制，依法查处破坏河湖生态环境违法行为，河长制工作取得明显实效，清河周边环境得到很好提升，水质得到明显改善。

经过多年的实践，逐渐摸索出一套有效工作机制，即“现场督查，视频记录—会议协调，纪要落实—整改反馈，定期报告”的闭环工作机制，落实“三查、三清、三治、三管”工作要求，高标准推进坑塘、边沟边渠等小微水体综合整治，推动实现小微水体“无垃圾渣土、无集中漂浮物、无污水排入、无臭味、无违法建设”的“五无”目标，确保河长制工作的有力推进。

二、主要做法和措施

（一）现场督查，视频记录

检查采取联合检查和自查两种方式，联合检查由清河流域办召集相关区河长办，对流域进行检查；自查由清河流域办单独组织相关人员，每周对流域进行检查。发现问题后，立即要求属地有关部门或单位制定并提交整改方案，对情况复杂、难度较大尤其是跨行政区划需要协调的问题，会同属地相关部门或单位专题研究、协调推进；动态更新流域问题清单，并对照问题清单，跟进督办。

（二）会议协调，纪要落实

清河流域市级河长、北京市委常委、宣传部部长杜飞进每季度对河长制工作进行调研并召开推进会。一是将上一季度挂账问题按照“已完成整改”“已到期未完成整改”和“未到期正在整改中”分项进行汇报，同时汇报本季度新发现难以解决的问题。二是会上围绕重点难点问题，确定任务清单，明确责任部门，落实整改措施和期限，以会议纪要形式由市委办公厅统一下发，清河流域办按照会议纪要整改时限进行督办落实。

（三）整改反馈，定期报告

针对各区任务清单整改期限，采取现场核实、电话催办、下发督办函等方式进行挂账督办。定期督促各区问题整改情况，跟进整改进度，每月将问题和整改情况反馈相关区河长办，并上报市河长办。同时，将本流域河长制工作进展情况和工作成果，按规定时间上报市河长办，重大问题随时在第一时间报告。

三、成效

清河流域办进一步深化细化扩展检查范围，查找流域内的新问题，启动新一轮“整改工作推进流程”，同时为下一次市级河长季度推进会做好准备。这一机制的高效运行，有利确保了清河流域河长制工作持续深入推进。截至2020年，清河流域办共开展流域巡查898次，发现问题117处，召开流域座谈会9次，电话催办400余次，发放督办函4封。

北运河流域办打造流域统筹治水新模式

北京市河长制办公室　汤　博

亮点

北运河流域河长办（简称“北运河流域办”）建立巡查体系、加强流域督导检查。建立完善“发现—移交—督导—整改—反馈—核实”问题处理闭环机制，提高问题督办整改效率。通过开展区域协调、搭建合作共治平台，多部门联动联查、推动问题有效解决，加强宣传培训、传播生态环保理念，北运河流域河长制工作落实情况得到了有效的提升。

一、案例背景

自2017年北京市全面推行河长制工作以来，北运河流域办以严格的“督”为抓手，以落地可行的“导”为根本，串联流域内9个行政区，形成上下游互通、左右岸互联、纵横交错的协调联动模式，通过一系列“组合拳”直击问题、直面挑战。

二、主要做法和措施

建立巡查体系、加强流域督导检查。建立完善“发现—移交—督导—整改—反馈—核实”问题处理闭环机制，提高问题督办整改效率。率先开展河长制工作全员参与工作格局，形成了“3＋1＋6＋9”的工作模式，其中3指北运河管理处所辖区域涉及的3个流域，1指北运河管理处，6指北运河管理处下属的6个巡查组，9指流域内9个行政区的河长制工作。对流域内68条河开展不同时间频次的巡查，发现问题按照“发现问题、留证移交、督查协调、复核销号、回头看”的工作流程，对重点问题进行现场核查，确保各类问题有序解决。截至 2020 年年底，流域办共计巡查 12 万 km，协调处置各类问题 5000 余个。

开展区域协调、搭建合作共治平台。北运河流域办执行“两统一，一联合”，即行政区交界区域统一管护标准、跨流域或省界问题统一协调调度、跨行业问题联合执法，避免出现“三不管”真空地带。建立完善京津冀协调联动机制，打通省界沟通渠道。以凤港减河、港沟河上的市级考核断面为抓手，与沿河涉及河北香河、天津武清的河长办定期协商，完善跨省界联动工作机制，共同治理跨界水环境污染，预防与处置跨界污染纠纷。

多部门联动联查、推动问题有效解决。北运河流域办结合巡查中发现的各类涉河违法行为，协调市、区、镇三级执法部门，共同商讨违法案例，探讨适用法条等，确保违法行为得到及时有效处置。联合通州区北苑街道在通惠河建立了副中心滨河道路社会治理试点，每天数十件反映交通拥堵的市民反映戛然而止；协调昌平区小汤山镇河长办拆除并处罚温榆河滩地内违规建设信号塔；推进朝阳区管庄乡政府对通惠河边垃圾山清退还绿；参与了顺义区后沙峪镇政府对盘踞温榆河滩地内多年违法建设的拆除工作。流域内海淀区东埠头沟、通州区温榆河、朝阳区亮马河等 10 条河流荣获北京市优美河湖的称号。

加强宣传培训、传播生态环保理念。截至 2020 年年底现场培训 1200 余人次。北运河流域办走访各区河长总结典型经验做法，撰写《问渠那得清如许》，宣传基层河长典型事迹；编印《河长锦囊》漫画书，向全年龄、各阶层人们普及河长制知识；征集各区执法案例 40 余个编制《北运河、凤河流域执法案例汇编》，推广学习；通过媒体对先进事迹、河湖治理成果等内容进行宣传推广。朝阳区小河长、通州区副中心护河队的众多民间河长，共同监督保护河湖生态治理成果，形成了共建、共治、共管、共享良好氛围。

东城区

河长制工作经验做法总结与思考

东城区城管委（区水务局）

亮点

东城区城管委（区水务局）坚持以新时代习近平生态文明思想为指导，践行“绿水青山就是金山银山”理念，认真贯彻河湖长制工作部署要求，按照“走在前列”的目标定位，凝心聚力、科学施策，打出“全面排查、系统整治、巩固提高”的“组合拳”，强优势补短板，广宣传重监督，不断创新河湖管理模式，取得了阶段性明显成效。

一、案例背景

自新冠肺炎疫情发生以来，东城区城管委（区水务局）坚决贯彻执行北京市疫情防控工作的相关要求与部署，在区委、区政府的大力支持下，河长制工作在探索中求发展，在发展中求提升，逐渐走出一条因地制宜、创新推动的发展道路，工作亮点凸显。

二、主要做法和措施

（一）线下网格应用，线上学习培训，共同保障河湖生态健康

东城区城管委（区水务局）将河湖监管纳入网格系统，河湖一线巡查员通过东城网格应用程序提交的案件，将直接派发至案件所属街道，减少了案件转派时间，同时首次采用发现即扣分的方式，将河湖案件处置纳入绩效考核，除此之外，还不定期联合市水务综合执法总队东城分队、社区河长等多部门对辖区内河湖进行执法巡查，对巡查过程中发现的安全隐患问题进行及时纠正和宣讲教育，加强了对涉水法律法规及安全的广泛宣

传，为探索和建立长效的联动机制提供了宝贵的经验。

为贯彻落实北京市关于新冠肺炎疫情的有关要求，全力做好疫情防控工作，东城区城管委（区水务局）将平时线下的综合执法培训，全部转换成为线上培训，把线下“课堂”搬到线上，是面对疫情下，继续深入开展业务学习非常有效又务实的途径之一，为东城区打造良好的生态文明发展及环境建设打下扎实的基础。

（二）构建政校合作“新机制”，打造人才培养“新高地”

东城区城管委（区水务局）与华北电力大学水利与水电工程学院开展了深入的专项课题研究及合作，将科学研究融入东城区海绵城市发展规划中，采用了科学理论与试验研究为基础、资料调查与现场调研相结合的工作方案。其中，2021 年《东城区海绵城市建设评估报告》与《东城区湖泊（龙潭东湖）水生态检测工作报告》为东城区的水资源管理、城市规划的方向提供了专业的数据支撑 。

东城区管委会（区水务局）与高校的合作，充分发挥了双方的资源优势。让政府完善了部分人才储备的建立机制，高校学院也在服务过程中充分了解了社会的需求和发展趋势，这种借智生力，以智创新的方式，推动了东城区水务工作与教育资源的完美结合，为北京市水务工作提供了多元化的发展方向和多样化的解决办法。

（三）加大科技投入，积极落实水务创新工作

2020 年 6 月，东城区城管委（区水务局）联合北新桥街道和市排水集团，积极开拓思路，在加强日常巡管基础上，推进技术创新应用，将国内首创的智能雨水箅子智慧监管系统应用到重点街区的雨水口监管，分布在簋街 150 多家商户、1000m 的距离上。该试点共安装了 66 个智能雨水箅子监测点，智慧系统利用定制化水量传感器导流板，实现水量灵敏感知、报警和传输以及全天候状态监测和信息展示，后台数据实时采集并自动上报。根据水量检测的时间、空间分布情况，在综合排除自然降水、环卫保洁、绿地灌溉情况后，发现违规倾倒污水的点位和时段，并辅以周边公共探头监控数据，实现违法行为的溯源调查。同时属地街道还将根据重点点位组织开展综合执法，提升“人防＋技防”的持续震慑效果。

同时积极探索智慧水务，针对柳荫公园湖面清洁问题，引入无人作业的水面微型漂浮物清理船，它是一条搭载了 5G 通信的 AI 智能无人船，高

1.5m、最宽处宽 1.2m、长 2m，前后装备了两台高清摄像头和一台探测 PM2.5 的遥感设备，可以对湖面垃圾及空气质量进行实时掌控，同时还可以根据船身自带的传感设备进行精准定位，通过太阳能充电技术实现 24 小时无人值守巡航保洁。水面微型漂浮物清理船的“上岗”，在一定程度上缓解了公园管理在湖面垃圾清理、夜间巡湖、作业安全等方面的工作压力。

三、成效

（一）工作机制落实到位

东城区城管委（区水务局）坚决落实区委、区政府的河湖管理保护政治责任，始终把河湖长制工作纳入工作总体布局一体谋划、协同推进，引导全区水务工作人员牢固树立“四个意识”，坚定“四个自信”，坚决做到“两个维护”，不断增强做好河湖长制工作的思想自觉和行动自觉。

（二）精细管理责任到位

制定出台《东城区全面推进“河长制”工作方案》，建立完善联席会议、信息共享、督查考核等配套制度，研究解决重大问题，跟进督办重要事项；在辖区 14 条河（湖）道设立 15 名区级河长、34 名街道级河长，全面实行区、街道、社区三级河长巡河模式，建立健全社区河长日巡、街级河长周巡和区级河长月巡的常态化巡河机制。截至 2021 年末，全区各级河长累计巡河 3451 人次、11666.1km，发现和解决问题 397 个，有效确保辖区每条河（湖）道有人管、管得住、管得好。

（三）注重执法巡查到位

高位统筹所属站、队、所、物业与各社区，加大各方工作协调配合，形成工作合力，完善监管协调机制，有效利用“街道吹哨，部门报道”的联动平台，及时解决责任范围内的垃圾、污水等问题。物业开展每日河道保洁、河底清淤、周边巡查工作，常态化“定点加动态”的巡查保洁模式；各社区按照方案严格落实排水管网和雨箅子日巡查工作，对垃圾渣土乱堆乱放、垃圾不分类、非法排污、违法倾倒等破坏玉河及流域环境的行为进行及时劝阻，巩固河长制工作成果。

（四）多元参与监督到位

东城区城管委（区水务局）积极探索创新河湖长制监督方式，有效调动多元主体参与，逐步形成了司法监督、平台监督、社会监督共同发力、相互推进的长效监督机制。

司法监督，就是充分发挥检察机关的法律监督职能，将一些重要涉河涉水问题线索及时移交相关检察机关办理，通过下发检察建议书的形式，有效解决了河湖管理保护难点问题。

平台监督，就是加快推进河湖长制信息化管理平台建设，积极引入网格系统，河湖一线巡查员通过“东城网格”APP同步至案件所属街道，第一时间调度责任单位予以处置，进一步形成了闭环管理，提高了监管效能。

社会监督，就是主动邀请部分辖区社会企业参与河长制工作，组建社区河长志愿者，赋予监督职责，履行监督义务，不断形成工作合力。同时在河湖显著位置设立河长公示牌，标识了河长姓名、职责、玉河概况、管护目标和监督电话等，扩大了社会监督的范围；形成了齐抓共管的工作机制，营造共同维护玉河周边环境的良好氛围。

（五）凝聚思想宣传到位

东城区城管委（区水务局）始终把宣传教育作为推动河湖长制工作持续发展的重要抓手，在充分运用自有宣传渠道的同时，还委托第三方服务机构，在学习强国、北京日报、北京水务报、东城融媒体等媒体平台大力宣传河湖长制的有关政策措施、重要意义，及时报道工作热点、推广工作亮点，并多次围绕“世界水日”“中国水周”等重要时间节点，组织开展主题宣传活动。

“2021年度北京市优美河湖”评定结果中，共有来自15个区的24条（段）河湖获得该荣誉，其中南护城河（东城段）、北护城河（东城段）及柳荫湖公园3个河湖榜上有名。自2017年开展评定工作以来，东城区“八河六湖”中已有9条次被评为“北京市优美河湖”，并通过相关媒体进行了全面的介绍和报道。

以创建文明城区为牵引，教育和引导广大青少年争做小河长、争当志愿者，并组建“威力塔斯河湖志愿者小分队”开展周末巡河护河清理河道垃圾，保护河湖环境的主题活动，有效带动社会各界力量投身河湖长制的工作来。

四、思考与启示

河长制工作实行以来，基层专业水务工作人员较为缺乏。“河长制”

的实施，离不开专业水务方向的技术人员的参与，但由于受编制限制，河长制办公室基层工作成员多为兼职，专业工作受限，需要在人财物上加大工作支持力度。

全民参与的氛围还未形成。由于缺乏环保意识，“事不关己”意识普遍存在，认为生态环境保护是政府、领导及企业的事，对人人都可能是环境的污染者和人人都应成为生态环境的建设者、保护者缺乏共识，需要在全社会层面加大对河长制的宣传力度。

古三里河，从旧胡同中蜕变的庭院之美

东城区城管委（区水务局）

亮点

传承历史文化，焕发都市新颜。古三里河所在的前门东区是胡同、大杂院集中的老城区。自 2016 年 8 月三里河绿化景观项目启动建设以来，就在不曾停歇的整治与疏解中初步恢复了明代北京三里河的历史风貌。在避免了新建设性破坏的同时，还保留了原先大杂院、四合院里的香椿、国槐、榆树、旱柳等老树，不仅弥漫着古香古色，还洋溢着现代人文主义的气息。

景观规划设计严格依据历史上河道位置和走向，坚持以生态景观建设为主，突出历史、人文、生态、艺术特点，并将胡同街区、四合院建筑与自然环境渗透融合，充分展现胡同、院落与三里河"水穿街巷""庭院人家"的美好意境。

一、案例背景

古三里河是老北京护城河的泄水河道，于 1437 年形成，原是玉渊潭到辽南京城北护城河的一条引水渠，渠长三里，故名三里河。《明史·河渠志》记载："城南三里河旧无河源，正统年间（1436—1449 年）修城壕，恐雨水多溢，乃穿正阳桥东南洼下地，开壕口以泄之，始有三里河名。"但之后由于长期不疏浚，三里河成了一条臭水沟，建国初期被改为地下暗沟，老舍笔下的"龙须沟"就是三里河的一段河道。

古三里河绿化景观项目自 2016 年 8 月启动建设，2017 年 4 月实现全面亮相。

二、主要做法和措施

古三里河绿化景观项目运用雨洪调蓄系统构建绿色生态环境，建设安装具有净化功能的蓄水池进行雨水收集，增加水体循环利用。古三里河绿化景观南段占地约 9000m^2，设计水深平均 0.4～1.0m；河道最宽 10m，最窄 4.5m；首次注水量为 3600m^3，年蒸发量约 1800m^3；为有效利用雨水资源，河道下方建蓄水池 3 个，最大储水量约 1300m^3，通过溢流存储、过滤净化，用于河道补给。

每年河道中水补水量约 500m^3，每年三月、五月、十月各补充中水一次，每次 200m^3 左右。随着未来两侧规划建设，将创新海绵城市举措，设计完善中水处理系统，兼顾河道补水和园林绿化浇灌；采用生物活性炭滤层设计，去除一般生化处理和物化处理单元难以去除的微量污染物质，保障水质始终清澈、透明度高；采用生态浮岛设计，利用植物吸收和微生物分解、合成代谢，去除水中的有机污染物；采用曝气增氧设计，加速水体复氧过程，保持水体好氧状态，实现水体无色、无异味、无杂质。

搬迁居民 480 户，先后完成 9 条胡同环境整治、河道沿线文物和房屋修缮、景观配套设施完善等工作；景观地被、花卉以及水生植物 14000 多 m^2，保留原生树木 38 棵（树种包括国槐、香椿、榆树、旱柳等），回植国槐 5 棵，种植特选苗木 29 棵。

通过对河道主体的改造、景观提升和水处理系统的建设，有效地改善了河道生态环境，通过对巡河路设置路灯，提升了市民夜间出行的便利性，展现出了河道风貌，延续了历史文脉，提升了街区活力。

三、治理成效

（1）在古三里河景观设计修缮方案中，一方面紧紧围绕文物保护，在尊重历史、传承文脉的基础上，对古三里河水系周边 26 处文物资源进行腾退修缮利用和绿色生态修复，并与周边功能有机结合，进行新的文化交流服务，为老建筑赋予新内涵、焕发新生机。

（2）与东城区“百街千巷”整治工作相结合，对与河道相邻胡同进行了建筑风格整理，拆除违建，增建非机动车停放处并设置充电装置，因地制宜“见缝插绿”，在胡同内修建花池、种植花果树木、引导机动车有序停放。通过对古三里河及周边景观设施进行一系列维护、改造，景观区内水穿街巷、桥亭相隔，桥下清水游鱼，两侧绿树繁花，极大地提升了景观区整体品质。

（3）同时围绕非首都核心功能疏解，在加速区域内低端业态退出的基础上，帮助留住居民修缮房屋，引导居民积极参与风貌保护，积极引入符合首都核心功能的新业态，共同建设“老胡同·新生活”的国际一流和谐宜居社区。

（4）通过水系治理和生态修复等一系列工作，重塑了三里河河道景观，延续历史文脉，提升街区活力。如今的前门古三里河已成为重要的休闲游憩场所，游人如织，得到了市民和游客的一致称赞。

柳荫公园河长制管理保护工作浅谈

东城区城管委（区水务局）

亮点

充分贯彻落实河湖长制，确保公园来水的安全及稳定。结合公园内部的改造，建设中水处理站，将周边污水收集处理后作为公园的补水水源。通过辅助采用曝气、湖面垃圾打捞、构建水体生物群落等措施，实现了水清、岸绿、安全、宜人的环境面貌。

一、案例背景

柳荫公园位于北京市中心安定门外，东城区安外黄寺大街 8 号，是一座以山村野趣，田园风光为建园特色的新型公园。史称“久大湖”，据说明末年间，此地藏有宫廷宝藏，便有人挖地丈余，虽寻宝未果，但见挖掘出泥土却是烧砖的上等原料，于是此地便成了窑坑。后来将原有的窑坑改造成“久大”人工湖。

柳荫公园共栽植各种树木近 2 万株，已绿化面积达 8 万 m^2。各景区已初步形成花、草、树木和谐一体的植物景观。基本上做到三季有花，四季常青。园内竹篱草亭荷塘柳榭、春华秋实。临水远眺，素瓦白墙的农舍田园掩映在绿树丛中，每到夕阳之际，满园芦苇稻香一片金黄，游船点点，笙歌阵阵，充满了自然情趣。

柳荫公园的标志是常青的柳树，因夏天柳树成荫而得名，蕴涵最深最广的应该是那种质朴自然的山水田园情，园中的山水、岛屿、林木、建筑与园林小品等所有景观都成为这种感情的载体，公园内有古老的石磨、碾子以及美丽的田园风光，是老年人与小孩常去的地方。

柳荫公园曾经每年都需要购买 17 万 t 京城河湖水系清洁水用于湖水补

充。补充水由北护城河松林闸上游供给，经市政雨污合流排水管线，几经周折行进 4km 后，汇入公园时水体已经受到污染。更为严重的是，随着水资源的日益短缺和近几年干旱的天气，柳荫公园很难在河湖管理处买到市政用水填充柳荫湖。由于湖水的补水水源和水质缺乏保障，致使湖水污染严重，水生植物和水栖动物生长受到威胁。

二、主要做法和措施

随着河湖长制的推进及落实，“清管行动”的贯彻及执行，公园所引的河道来水质量有着显著的提升。

2020 年对中水处理站进行升级改造，采用生物净化处理技术将流经公园西北部的市政生活污水进行处理并循环使用补充湖水，同时配备两台大型气浮机设备 24 小时间断或不间断对湖水水质进行净化，使湖水清澈见底，水质达标。工作人员每天在湖面不定时打捞落叶等漂浮物，能够更好地让水生植物生长，水生动物栖息。

在柳荫公园，中水处理站以假山为外形，掩映在一片翠绿中，与公园乡村野趣的特色融为一体。处理站采用半地埋的形式，占地面积约 $300m^2$。处理站的设备是封闭性的，具有使用寿命长、自控程度高、投入成本低等特点。采用厌氧菌等生化处理专利技术以及反硝化、电絮凝、气浮等先进技术设备，组成生物净化处理、湖水循环、臭气处理三大系统。

公园充分利用植物“春植、夏认、秋抚、冬养”的特点在园内开展各种活动，尤其对各种树木及绿地进行认养活动，游客朋友积极参与，还和自己认养的树木亲密合影，每一棵认养树木都寄托着认养者的美好愿望。同时柳荫公园作为东城互联网＋全民义务植树基地，将提供各种尽责形式的全年化接待服务，接待团体抚育活动 30 余场，近 2000 人参加，清理绿地卫生和绿化设施近万平方米。

三、成效

2017 年推行河长制以来，各级河长及管护单位的共同努力下，水生态得到根本性好转，实现了水清、岸绿、安全、宜人，环境面貌焕然一新。

春季，百花齐放，野鸭成群，春意盎然；夏季，湖里荷花盛开、芦苇成荡，一群群的小鸭子惹人流连忘返；秋季，五颜六色、多姿多彩，一步

春季

夏季

秋季

冬季

一景；冬季，银装素裹、更显妖娆，为了留守的野鸭子热心的市民三五成群前来喂食。

四、思考与启示

柳荫公园中水站的中水再生利用，既实现了柳荫湖现有湖水的循环，有效地解决了柳荫湖水水源问题，又可以有效地利用和节约有限的、宝贵的淡水资源，减少污、废水排放量，减少水环境的污染，同时也缓解了城市下水道的超负荷现象，这是中水处理就近取材、就近建站、就近利用的一个很好的示范。

龙潭西湖河湖长制管理工作总结

东城区城管委（区水务局）

亮点

龙潭西湖公园结合属地街道的工作要求，全面深入推进河湖水环境治理，从湖面漂浮杂物处理，到沿湖不文明垂钓劝阻，努力提升龙潭西湖水生态环境建设和服务管理水平。通过循环泵站建设、底泥清淤、劝阻游人钓鱼等不文明行为等措施，确保湖水水质达到景观用水Ⅳ类标准。结合公园湖面特点，将市政雨水泄洪口、水质净化泵站和湖岸线作为重点点位，按照“三查、三清、三治、三管”的总体要求，加强水污染、水环境和水生态治理，每日对湖面进行巡视，严查非法放生、偷钓鱼等行为，加强湖面白色垃圾和野生水生植物的清理，同时根据水位和水质情况适时补水和调整净水设备运行，实现水清、岸绿、安全、宜人的环境面貌。

一、案例背景

龙潭西湖公园始建于1986年，位于北京东南二环内，是龙潭湖三园之一。龙潭西湖公园总面积10.46hm^2，水面面积约5.15hm^2，呈现出水陆各半的景观布局。公园以“柳岸观荷”为主要景观特色，具有良好的植物生态基底。

二、主要做法和措施

龙潭西湖公园景观提升项目是东城区深入实践为民办实事的重要举措和“五个东城”建设的重要载体。2020年年底，区园林绿化局开始推进龙潭西湖景观提升项目的前期筹备工作，完成项目定密，并取得市园林绿化局对项目设计方案和区发改委实施方案的批复，批复金额为3501.54万元。工程建设于2021年5月开工，10月底基本完成施工建设，11月16日龙潭西湖公园恢复开园。

公园核心湖区水面面积5.15hm^2，在进行全园水系改造后，保证三湖水系连通，同时因地制宜丰富植物群落、修建动物栖息地，增强湖岸的湿地景观效果及功能，以构建完善的水生态恢复体系为目标，形成以水为主的特色湿地景观。在湖区设置湿地植物展示区、鸟类保护观赏区。

湿地植物展示区——沿湖岸种植菖蒲、芦苇、千屈菜类水生植物，突出展示北京三大典型湿地植物群落，同时增加木栈道，方便游人进入观赏湿地景观、亲近自然。

鸟类保护观赏区——恢复湖区中心的龙形岛。同时在西北、东侧增加两座生境岛作为整个湖区的补充，生境岛对由于雨水径流汇入湿地中的轻度污水具有一定的净化功能，同时也可以丰富湖区的植被，具有良好的景观观赏价值。生境岛整体人为扰动少，可以更好地为鸟类、鱼类、两栖类生物提供良好的栖息地场所，丰富公园的生物多样性。

同时保留优化公园原有主环路，形成3m宽，1000m长的环湖健身步道。在湖区西侧新建滨水步道，贯通滨水环线，结合南北柳堤及木栈道形成集观景、休闲、科普功能为一体的体验丰富的滨水科普环线。

三、成效

龙潭西湖公园坚持贯彻落实《东城区进一步全面推进河长制工作方案》文件精神，结合属地街道有关工作要求，全面深入推进河湖水环境治理，从湖面漂浮杂物处理，到沿湖不文明垂钓劝阻，努力提升龙潭西湖水生态环境建设和服务管理水平。从2008年开始，园区加大对湖水的治理

改造前

和保护工作，通过循环泵站建设、底泥清淤、劝阻游人钓鱼等不文明行为等措施，确保湖水水质达到景观用水Ⅳ类标准。湖面干净，水生植物长势良好，野鸭、鸳鸯等鸟类可临水嬉戏，水鸟增多。积极劝阻游人钓鱼等行为，目前无钓鱼事件发生，提升了湖水景观效果明显，得到了游客好评。

改造后

青年湖公园河湖长制管理保护工作总结

青年湖公园管理处

| 亮点 |

在生态园林、精致园林理念的指导下，积极推进文化建园，从基础设施建设、绿化养护、服务管理方面，突出人文理念、彰显文化韵味。如今的青年湖公园三季有花、四季常青、长堤绿柳、近岸红花，游人既可享曲径通幽处的安静闲适，又可观碧波万顷的开阔坦荡。

一、案例背景

青年湖公园位于北京市东城区安定门外大街路西，北中轴路东。占地面积 16.98 万 m^2，其中水面面积 6.11 万 m^2。这里原为一片积水坑洼，后因东城区政府、团委发动全区团员青年义务劳动，拓挖成湖而得名。公园现有树木 3 万余株，地被植物约 1.2 万 m^2，草坪约 6 万余 m^2，绿地率 84.8%，已达到三季有花、四季常青的效果。湖沿岸有话剧雕塑园、湖心岛、亲水平台、游船码头、水上世界等多处自然风景与人文景观，其中青年湖的双桥连接着湖水两岸，远处观望恰似西湖双桥，是家庭娱乐、青少年科普活动的首选场所。湖中有荷花、睡莲、芦苇等众多水生植物，栖息着鸟类、鱼类等动物群。为周围居民和学生提供了很好的休闲、娱乐、观景平台，成为三环内别具特色的一颗水上明珠。

2017 年我园推行河长制以来，水生态得到根本性好转，实现了水清、岸绿、安全、宜人，环境面貌焕然一新。2020 年来更是被评为北京市优美河湖。

二、主要做法和措施

主要采取的做法一是利用水生动植物及生物制剂，重新构建水体生境，实现了水质的改善；二是依托海绵城市建设理念，建设下凹式绿地、透水广场、模块蓄水池，充分利用雨洪水补充青年湖水源，通过对初期雨水的沉淀，改善入湖水质；三是建设湖水循环系统，增加水体流动，实现湖水水质持续向好的转变。

具体措施一是调整现有植物结构，加大植物的种植面积，同时在湖内有针对性放养草食性鱼类，通过种群搭配建立良性生态系统；二是通过日常定期收割植物和打捞鱼类，可去除湖中部分富集的营养盐；三是增加曝气机，将气泡吹入水底，有效地循环增氧，在水体复氧、水体循环等方面效果明显，并有效地减少基础投资，运行管理更为方便；四是控制各个区域内溶解氧的含量都在一个安全的水平，激发水体深层微生物的活性，通常是通过水体的流动及层流交换实现水体的均质平衡，真正做到“流水不腐”。

三、成效

我园坚持贯彻落实《东城区进一步全面推进河长制工作方案》文件精神，结合属地街道有关工作要求，全面推进公园水环境治理，严格落实文明游湖的各项措施，实现了“水清、岸绿、宜居”的工作目标。

龙潭东湖公园河湖长制管理工作总结

东城区城管委（区水务局）

亮点

龙潭东湖公园是东城区左安门内水面面积最大的公园，采用南护城河及再生水作为补水水源。为贯彻落实河长制水清、岸绿、安全、宜人的管理目标，实现国考断面水质考核达标，公园采取了内部水质循环、生物过滤、曝气增氧、原位生态净化等技术，实现了水质达标、水体清澈，并与公园绿化相得益彰，在繁华的都市中央形成了人与自然和谐共生的景象。

一、案例背景

龙潭湖位于北京市东城区左安门内，建于1952年，是由三个相连的水域（龙潭东湖、龙潭中湖、龙潭西湖）组成的景点，水陆面积达120hm^2，水域面积700亩，地势西高东低。其中龙潭东湖位于龙潭三湖的最东侧，原为明代修建外城后留下的一片窑坑，是三个湖中水面面积最大的湖，湖区面积41.84万m^2，水面面积19.5万m^2，容量约31.5万m^3，水深1.5～2m。

二、主要做法和措施

为改善龙潭东湖湖水水质，使湖水水质达到地表水Ⅳ类水标准，2017年11月组织开展了龙潭东湖湖水治理项目。工程实施内容包括水源及中水利用工程、湖底泥清淤工程、水质净化工程及水生态系统恢复工程、初雨污染控制工程、水体流动性增强工程、景观协调性工程等。经过项目施工和后期管护，龙潭东湖水质持续改进，每年的国家地表水考核断面（简称“国考断面”）水质考核结果均稳定达标，能够持续满足人民群众景观、休闲等亲水需求，稳定实现“人水和谐”。

龙潭东湖根据补水水质情况，合理利用南护城河和再生水水源，对龙潭东湖湖水进行补水。稳定的补给水源使龙潭东湖湖水水位得到保障。同时利用补水和循环泵站与循环管线，在龙潭东湖形成外部和内部两个循环，从而使整个湖区内湖水具有较强的流动性，生态品质较好。其中内部循环水量10d循环一次，总循环量3.16万 m^3/d。

通过持续的治理和管护，已经对湖水进行底质改良改善生境，在龙潭东湖东北水道狭长的区域及瀑布山重建水生植物33131m^2，投放水生动物690kg，设置生态隔离网420m、生物渗滤堰1座，加强水质净化能力。

采用涡流式絮凝反应技术、纳米级气泡发生技术、“气泡层”过滤技术、次表面捕集技术、层流分离技术、浮渣循环絮凝技术等核心专利技术的水体净化装置，可形成水、气、固的三相混合体，在一个特别设计的多级序批式反应器中，完成固液分离过程，从而高效去除湖水中的无机质颗粒物、藻类物质、胶体物质、油脂以及有机质（总有机碳、氨氮、总磷等）固体物质等，防止湖水黑臭和水华等现象的产生，同时完成水体的高效充氧，达到良好的水体净化效果。

龙潭东湖还采用了原位生态净化技术，在受损的生态系统的基础上，通过对水环境中微生物的原位选择性激活，使得微生物在大量繁殖的过程中消耗水体中的氮、磷等富营养物质，同时通过部分微生物的有氧反硝化作用和动植物的促生作用，建立起高效的食物链，对生态系统进行原位修复和提升，大幅增加生态系统的自净功能，达到污染物原位转移，水质提升的目的，最终使生态系统逐步达到平衡。

三、成效

龙潭东湖湖水清澈，和公园内绿植相得益彰，呈现一派鸟语花香的景象。湖水中有沉水植物、水生花卉、湿生花卉等多种植物，有生态浮岛、生物滤堰等人造景观，有黑鱼、草鱼、鲤鱼、白鲢等多种鱼类，吸引了野鸭、鸳鸯、天鹅等多种野生鸟类在此栖息，在繁华的都市中央形成了人与自然和谐共生的景象。

莲塘花屿荷花满池，亭亭玉立，摇曳于涟漪荡漾的清波碧浪之上；万柳堂苍翠欲滴，碧波荡漾，集文化与园林于一身。如今的龙潭东湖已经成为市民休闲游玩的绝佳去处，游人或乘坐游船荡漾在湖上，或沿湖边曲折的小径漫步，享受着城市里的那份安逸。

未来，龙潭东湖将按照湖水综合治理的长效机制，始终把握生态红线，为市民守护好这一汪碧水。

西城区

人定湖公园河长制典型做法

西城区城管委（区水务局）

亮点

人定湖公园水面面积为 $1hm^2$，湖内水生植物及鱼类、两栖动物种类繁多。公园规划致力于“生态、科技、节约”的特点，建立一个由水生植物区、观鱼区、亲鱼区、亲水区、生态岛组成的“模拟型”人工湿地。采用潜流式人工湿地和水体式人工湿地相结合的生态技术循环处理湖水，在水生植物处理水的同时，在湖中安置水泵及配套净化系统，使水体循环并得到净化，保证湖水清澈透明。

一、案例背景

人定湖公园位于北京市西城区德胜门外六铺炕 15 号，始建于 1958 年，占地面积 $9.2hm^2$，湖水面积 $1hm^2$。1996 年经过改造形成公园的基本格局，公园南部采用横纹花坛、列柱廊、水景、雕塑和景墙等造景手法，构建了具有欧洲古典韵味的园林环境；北部用简洁的手法，以疏林草地、装饰广场、现代雕塑构成了一个充满时代感的园林空间。整个公园将欧洲古典园林文化与现代造园文化融为一体，使人们在欣赏美景的同时了解世界园林的发展变化。按照“生态型、节约型”园林的目标，2006 年在园内建设了“模拟型”人工湿地，种植多种水生植物，增加服务设施，更新植物品种，园内栽植有油松、白皮松、国槐、银杏、垂柳、玉兰、樱花、元宝枫等多种植物，使公园发挥更大的生态效益。

二、主要做法或措施

一是加强工作统筹，促进常态长效。由德胜街道办事处成立街道河长制办公室，街道河长每周至少对人定湖进行一次巡查，对于发现的问题由德胜街道河长制办公室联系相关责任部门及单位及时处理。

二是加强治水统筹，促进综合治理。德胜街道积极探讨维护提升辖区河湖生态环境的可操作性方法，针对人定湖水体深度较浅，水质恶化速度快的现状，联合人定湖公园管理处，采用系统的生态治理方法，并对湖水进行改造。

通过“模拟型”人工湿地与湖中水泵、净化设备的有机结合，采用潜流式人工湿地和水体式人工湿地相结合的生态技术循环处理湖水，在湖中安置水泵及配套净化系统，使水体循环并得到净化。同时安排专人清理湖面水体。

三、成效

通过“模拟型”人工湿地与湖中水泵、净化设备的有机结合，公园中心湖水体无异味、自然清澈，水生植物及鱼类、两栖动物种类繁多，自然环境优良，中心湖、生态岛已有野生绿头鸭等野生保护鸟类“安家”。

四、思考与启示

继续抓好生态环境保护规划，一是抓长抓常，进一步探索巡查保护机制、生态治理机制，推进生态和水资源保护与综合治理相结合。二是落实落细，增强对水质变化的感知能力，充分运用信息化、智能化手段加强管理，加强对周边环境的定期诊断评估，及时发现和解决问题。三是注重可持续发展，加强公园生态环境建设，注重长远利益和可持续发展，从改善人居环境入手，充分发挥城市公园改善环境、美化城市、提供游览观赏、休憩娱乐以及防灾避险功能，努力实现生态、绿色、宜居目标。

天桥街道河长制工作典型经验做法

天桥街道河长办

| 亮点 |

天桥街道坚持“绿水青山就是金山银山”的信念，通过强化组织领导、聚焦民生需求、落实属地责任、加强宣传引导、提升思想站位等措施，不断完善河长制工作体系、加强巡查管控力度等手段，有效地保持了河畅、水清、岸绿、景美，为民服务的效果不断提升。

一、案例背景

2019 年申报优美河湖成功后，天桥街道感到成绩只能代表过去，必须深刻理解习近平生态文明思想，贯彻落实市委、市政府关于生态文明建设的决策部署，坚决落实区生态文明建设会议有关精神，着眼核心区功能定位，强化“红墙意识”，以更大的工作热情、更高的工作标准去拼，确保长治常新，确保水清、岸绿、安全、宜人。

为此，天桥街道以高度的政治自觉和强烈的使命感责任感，自觉将河长制工作摆在生态文明建设的重要位置，在总体布局中突出出来，不断加强组织领导，坚持党建引领、党政同责，党群、平安、城建等部门与社区协同推进，确保了各项稳中有进、稳中有新。

二、主要做法或措施

着力强化组织领导，工作体系不断完善。天桥街道高度重视河长制工作，根据干部人事变动情况，及时调整河长制领导组织成员，加强领导力量。街道两位河长准确把握河长制工作政治性业务性高度融合的特点，着力在责任意识、队伍建设、业务能力上强化组织领导。办事处主管领导牵头，街道河长制办公室具体承办，安排专人负责河长制各项工作。先农坛派出所、综合行政执法队、西城园林绿化公司陶然亭分公司和环雅丽都西城第二环卫分公司作为“河长制”核心成员单位，背街小巷准物业挑选精干人员担任巡河员，负责河道治理工作的具体落实。先农坛、太平街两个社区，在履行河段长职责的基础上，积极发动志愿者参与河长制工作，强化了多员管理格局，提升了工作效率，确保了河长制工作稳步推进。

着力落实属地责任，巡查管控更加有力。强化责任担当，坚持一以贯之。一是加强河域巡查。仅 2021 年，街道及社区就对通惠河左岸（南护城河部分，约 970m）巡查 1100 余次，累积约 4000km，另有 30 余名志愿者不定期巡查，发现问题后及时处置。二是加强协调联动。街道河长办会同先农坛派出所及两个涉河社区加大对“三办”周边重点点位进行巡查，及时纠正不文明行为。仅 2021 年，综合行政执法队与环保等部门加强工作联系，共组织联合执法检查 12 次，同时加大执法力度，对向河道周边倾倒垃圾行为进行制止，查处向雨箅子倾倒垃圾等行为 315 起，罚款 13680 元。三是及时反馈情况。定期向区河长制办公室报送“四公开一监督”情况，及时报送“五一”“十一”游河情况。及时反馈河道地砖、栏杆损坏，墙皮脱落，共享单车落水等情况，在区河长制办公室的大力支持下，相关问题得到及时有效解决。

着力改善河岸环境，周边景色更加优美。将治理维护环境作为保持河岸景色优美的重要手段。注重日常治理，经常开展环境秩序整治、联合执法，会同北京市城市河湖管理处、西城园林绿化公司陶然亭分公司，清理河道垃圾、打捞共享单车、清理河道周边垃圾废弃物。注重人文环境营造，及时劝离河道露营、洗澡、洗衣人员，及时更新河长制信息公示牌，自觉接收群众监督。注重自然环境涵养，及时在河道附近补植树木，有效改善了河岸周边环境，为游客提供了岸绿、景美的休憩场所。

着力聚焦民生需求，惠民作用更加明显。针对北部平房区居住空间狭小、居民改善及腾退意愿较强烈、街巷环境较差，以及市政基础设施薄弱等问题，下大力气改善人居环境，从源头上解决因建设年代久远，基础设施薄弱，地下管线老化、堵塞等问题。专门立项，对 166 个平房院落实施下水管线改造，实现雨污分流。目前工程已近尾声，工程惠及近千名居民，得到大家一致好评。下大气力确保防汛安全，每年汛前都联合排水集团，清掏雨水口，排查排河口管线，安装检查井防坠网。辖区相关机关、学校、企业和小区也自行开展清理雨水口活动。汛期，街道、社区和排水集团联合，对河道周边和排河口进行检查，确保了排水畅通，居民获得感、安全感、幸福感明显增强。

着力加强宣传引导，工作氛围更加浓厚。结合疫情防控实际开展宣传活动。节约用水宣传周期间，落实“利用新媒体、减少聚集”的要求，通过“社区通”APP、微信群，将电子海报、短视频、倡议书推送至辖区单位、学校、居民，街道机关利用内部通信软件，向每名干部推送节水知识，有效提高宣传覆盖面。“清管行动”期间，与“爱国卫生运动”相结合，与防汛安全排查相结合，在相关社区开展集中宣传，利用微信、社区通APP发送相关信息等，加大社会动员力度，普及“清管行动”相关知识。通知辖区内机关、学校和小区，引导公众积极参与社区雨水口（箅子）清掏，营造人人知晓、人人参与的良好社会氛围。

提高思想站位，才能增强河长制工作的内生动力。天桥街道认真学习习近平生态文明思想，深入贯彻北京市河长制有关制度要求，学习落实区委区政府决策指示，在学习过程中，不断深化认识，强化了河长制既是工作制也是责任制的意识、生态惠民的意识、“为群众办实事”的意识，用实际行动改善生态、改善居民环境的决心和自觉不断增强。

加强组织协调，才能形成河长制工作的整体合力。河长制不仅仅是某个部门、某个单位的事，而是全社会都要参与的大事。天桥街道高度重视组织领导，工委和办事处主要领导抓总，牢牢把握工作方向，主管领导作为河长办主任具体负责，其他处级领导协同，整合分管领域和部门力量，全力支持配合河长制工作。在全街道的配合下，天桥街道河长制工作得以顺利开展。

积极主动作为，才能提升河长制工作的实际效益。天桥街道注重下好先手棋、打好主动仗，把城市建设与河长制工作结合起来思考筹划，在为老百姓办实事一揽子计划中增加下水管线改造等内容，既改善了群众的居住环境，又维护了水环境，取得了良好生态效益、社会效益。

三、成效

这些年，天桥街道河长制工作平稳有序，区委主要领导视察天桥时对下水管线改造工作给予肯定，居民没有投诉过河道问题，获得感、幸福感、安全感不断增强。

四、思考与启示

河长制不是某个部门、某个单位的事，而是全社会都要参与的大事。下一步，必须进一步学习宣传习近平生态文明思想，引导居民共同维护呵护环境，巩固共建、共治、共享的良好格局。

西长安街街道筒子河河长制典型经验做法

西长安街街道办事处

| 亮点 |

筒子河治理工作多年来逐步有序进行，现已实现河水清澈、两岸绿植覆盖，环境干净宜人，同时街道出资修建防护栏，保障了游客的安全游览。西长安街街道办事处精细规划，为筒子河"量身定做"治理方案；以制度为依托，抓实责任确保治理工作落实；同时，联合相关兄弟单位，组织街道关联部门，协调联动，保障治理工作有序顺利推进。

一、案例背景

筒子河，北京紫禁城护城河的俗称，建成于明代永乐十八年（1420年），至今已有600多年的历史。全长3.5km，西城区境内长1.48km，水面宽52m，水深4.1m，在西华门和神武门路面下由涵洞连通。筒子河由北海引水，自西北流入，向东南流出至御河。筒子河除防卫功能外，还有防火和为故宫提供用水之用。站在筒子河边，无论是高大的故宫围墙、高挑的角楼，还是宽厚的矮墙护栏、静谧的河水，都给人一种历史的厚重感。每到夏季，碧水环绕着故宫，河岸上绿树成荫，掩映着朱红色的宫墙，美不胜收；冬天的筒子河，像一条玉带围绕着紫禁城，特别是雪后，红墙白雪相映成趣。

依据《北京市市容管理条例》第22条规定，河湖及其管理范围，由河湖管理单位负责。按照此前的责任划分，筒子河西华门以北的河段，应由故宫博物院管理，西华门至午门段应由中山公园管理。筒子河地处祖国的心脏，紧邻中南海、人民大会堂、天安门广场、故宫博物院、中山公园、景山公园，是著名的旅游胜地。为维护好首都河湖形象，西长安街街道办事处联合北京市城市河湖管理处多措并举的维持河湖环境质量。

二、主要做法或措施

（一）精细谋划管长效，画好专业化治水“同心圆”

创新技术，探索水环境智慧管理模式。联合北京市水科学技术研究院、北京磐石环保咨询有限公司，以提升筒子河水环境实时监测和预警能力为目标，建立筒子河水环境智慧管理系统。按照我们拟制的《西长安街筒子河水环境智慧管理系统建设方案》，可实现水面漂浮物和水下藻华两类物质的实时监测，当物质浓度达到一定程度时，可以自动报警。但因筒子河区域位置敏感，监测设备无法安装，只得暂时搁浅。

综合治理，加强区域水环境面源管控。在狠抓河道、河岸管理的同时，注重辖区综合治理的顶层设计。在疏整促、施工管理、街区整理等工作中，突出水环境保护，通过加强垃圾渣土和堆物堆料管理、推行湿法作业等，有效避免了污染物进入雨水管线，污染河道。同时还组织了物业公司、保洁单位对辖区 971 块雨箅子进行检查清理，防止枯枝败叶、垃圾等进入雨水管线。

专项行动，不断提高环境治理水平。为提高地区居民群众珍惜水资源意识，保护地区生态环境，西长安街街道点面结合，一查一巡、“双线”并行，多“管”齐下，打出水资源保护组合拳，开展节水周宣传活动。并在全辖区范围内开展“清管行动”，重点对公共雨水、雨污合流管涵及附属设施进行清掏，范围延伸至居住小区、机关大院、各类校园、医院以及企事业单位的专用雨污合流管涵及附属设施。

（二）抓实责任促成效，凝聚制度化治水“向心力”

建立机制，保障河长制工作推进。街道制定了“日巡、周查、月总结”机制。“日巡”即指定街道综合行政执法队员和准物业保安员，实行“定人、定位、定时”每天对相关水域及周边区域进行巡查，同时，加大河湖岸线保护执法力度，要求城管一队严查河道及周边垃圾渣土乱堆乱倒、违法建设、岸线乱占滥用现场；“周查”即街道河长每周对所管河段进行至少一次巡查，并听取、询问本周河段日巡过程中发现的情况；“月总结”即每月召开专题座谈会，总结当月工作情况，并安排下一步工作计划，确保河长制工作有效推进。

河长带头，狠抓巡河制度落实。由于辖区内所负责水域，其水体管护单位均不属街道，因此日常的巡查监督成为落实河长制、保护水环境的重要一环。街道巡河队按照要求，坚持每天巡河，重点对水面漂浮物、河岸卫生、非法垂钓等进行巡查，确保第一时间发现河道、河岸管护中存在的问题，并通过联系机制，及时将问题反馈给相关主责单位处理。

完善手册，提高河湖治理标准。《河长制工作手册》为河长提供河长制政策指导和工作方法、工作流程参考，为辖区居民百姓和社会群众普及河长制工作常识，充分调动了更多社会力量熟悉河长制、参与河长制。每逢假期，河长积极行动，落实引导市民安全文明游河要求，劝导河湖周边聚集人员，规劝制约影响河湖周边环境等不文明及违法违规行为，维护河湖良好秩序和健康生态环境。

（三）协调联动共管护，搭建一体化治水“新平台”

多方合作，构建水清景美新环境。街道与中央警卫局、中山公园、故宫博物院建立河长制工作联系机制，并进行日常维护。同时通过将街道巡河过程中发现的问题及时反馈给主责单位，可实现对水面漂浮物和水草的及时清理，通过多方协作，筒子河水面清洁、水体干净，有效提升了筒子河水环境治理水平。

部门联合，营造和谐宜居新氛围。在日常工作中，积极联络城管队、派出所等相关执法部门参与，做到随时掌握水域动态，及时协调各种问题。当遇到特殊情况或复杂情况时，能够做到快速响应、及时处理。

设备升级，助力管水治水新格局。为保持河水流动性，使用推流泵，按照 $0.3m^3/s$ 的流速，从北海引水注入筒子河，保持河水“川流”状态。视水质情况，适时对筒子河进行大规划换水，开闸放水直至水面下降50cm，再从北海引水注入，从而保证了河水的流动性和水质干净清澈。

三、成效

1997 年以来，因上游补水不足，筒子河基本成为一潭死水，河水有机污染和富营养化问题十分突出，河底淤泥厚度达 15～50cm。为改善这种情况，1998 年对其进行大规模清理、铺砖、维修；从 2005 年开始，在节水的前提下，在筒子河每500m安装一个低速推流器，增加水体流动，加强搅拌功能，防治活性物质沉积，变死水为活水。2014年，筒子河启动“洗泥”工程，清理淤泥7600m^3，清理完毕后从北海引水注入，至今，坚持不间断打捞河面漂浮物和水草，从而重现了碧水绕城的美景。如今，筒子河实现了西城区范围内无监测断面。两边靠近河岸的位置均有植被覆盖，夏季碧水绕城、绿树成荫、安全宜人。

四、思考与启示

河长制的实施促进了西城生态环境的改善。为红墙潆水润水，使“优美河湖”富甲西城，让“幸福河湖”造福人民。然而工作中也存在着一定的不足之处，接下来街道河长制工作将继续完善以下几个方面：

一是加强对街道河长制相关人员培训，提升工作能力。

二是强化上下游、左右岸的沟通协调，树立区域一盘棋的思路，与兄弟单位积极开展协作，齐抓共管，确保河长制工作取得实效。

三是加大社会宣传，提升社会对河道环境及水资源保护的认识，更好地发挥群众力量参与治理和监督，确保河湖安全。

展览路街道扎实开展河长制清河行动打造核心区绿色便民亲水公园——展览路街道北展后湖整治

展览路街道

| 亮点 |

北展后湖湖心岛存在管理失序的情况，随着疏解整治促提升专项行动和落实河长制“清河”行动的持续深入，北展后湖湖心岛的问题日益凸显。为改善湖心岛问题，街道充分发挥河长制核心领导作用，依托“街道吹哨、部门报到”工作机制，积极开展河长制清河行动，大力推进北展后湖环境整治与提升，打造集休闲、娱乐、观光于一体的便民文化景观。解决了湖心岛管理失序的问题，建立起相对完善的工作模式，为今后工作探索了新的工作思路。

一、案例背景

北展后湖位于北京展览馆北侧，西起动物园东门，东至北展水闸左岸，首尾与南长河相连，水域面积 24500m^2，湖中有一处 5000 余 m^2 的湖心岛，为首都功能核心区难得的绿色生态水域。湖心岛历史规划成因复杂，涉及三家管理单位，长期以来，由于多部门多头管理，北展后湖周边逐渐出现了私搭违法建设、游船公司不规范运营、黄土裸露、环境脏乱等管理失序的现象。随着疏解整治促提升专项行动和落实河长制“清河”行动的持续深入，北展后湖湖心岛的问题日益凸显。

二、主要做法或措施

为优质高效推进北展后湖环境整治工作，街道充分发挥河长制核心领导作用，依托“街道吹哨、部门报到”工作机制，积极开展河长制清河行动，大力推进北展后湖环境整治与提升，打造集休闲、娱乐、观光于一体的便民文化景观。

（1）领导率先垂范，区、街道、居民三级河长尽心履职勇担当。在整治提升工作中，区级领导多次采取“四不两直”的方式对北展后湖进行巡视，为北展后湖治理谋思路、把方向，并从区级层面进行协调，为北展后湖整治提升精准施策提供了极大的支持和帮助；街道领导带头深入学习上级文件精神，多次研究并制定河湖治理方案；社区河长坚持每周至少1次巡河，确保第一时间了解情况、发现问题。同时，通过制作宣传公示牌、邀请沿线单位座谈等多种途径，做好整治前期摸排工作。

（2）完善组织体系和机制建设，为整治工作奠定坚实基础。街道依托区、街道、居民三级“河长”组织体系，对区域内的长河、转河、北展后湖、动物园水系全部落实责任人，明确责任内容和责任目标。同时，制定《展览路街道推行河长制工作方案》《展览路街道河长制巡查制度》《展览路街道河长制工作督导检查制度》《展览路街道河长制信息报送共享制度》，建立情况信息联通、矛盾纠纷联调、非法行为联打、河湖污染联治四项机制，确保实现区域河湖治理信息共享、互通有无，协调联动、问题共治。

（3）牢牢把握首都功能核心区定位，凝心聚力解难题。北展后湖位于首都功能核心区中心城区，为使水域环境品质与功能定位相匹配，与北京展览馆现代化国际化展馆特征相匹配，展览路街道充分依托“吹哨报到”机制作用和党员队伍带头攻坚作用，在区街各部门、社区和各单位的共同努力下，逐一攻克整治过程中的难点问题。北展后湖整治提升工程的重点难点问题主要聚焦于北展后湖管理以及改造权限方面，由于历史原因导致湖心岛产权方、运营方、河湖管理方对管理权限有着不同理解，在整治提升工程提上日程后，三家单位对整治权属问题争执不下，为此街道多次吹哨区城管委、区园林局、区水务局、区河长办等部门共同和北京展览馆、北京市城市河湖管理处研究解决方案，经过多次召开协调会、现场会，锲而不舍反复协商沟通，最终确定整治方案。在整治过程中，街道再次吹哨区河长办、区环境办、北京市城市河湖管理处、北京展览馆等单位，通过联勤联动，捆绑作战，一举拆除了展览馆后湖西岸历史遗留违建1000m^2、转河南岸违建 2 处 110m²，封堵转河东岸不明排水口 1 处，同时协调海淀区北下关街道封堵转河西岸不明排水口 1 处。

（4）社会动员齐参与，长效管理见实效。开展生态环境建设、落实河湖治理工作需要各部门、各单位共同参与进来，街道积极协调区域化党建成员单位、地区科站队所、社区开展“城市河湖水环境普法”主题宣传、北展后湖禁渔等活动，引导周边单位、居民踊跃参加北展后湖治理。同时街道还建立了以“街道科室＋职能部门＋社区＋地区单位”为主体的巡河员队伍，多维度、全方位巡查、解决河湖存在的问题，实现多元治理、齐抓共管的北展后湖治理格局。

三、成效

展览路街道通过对北展后湖的整治，打造集休闲、娱乐、观光于一体的便民文化景观，建立起相对完善的工作模式，为今后工作探索了新的工作思路。

四、思考与启示

一是要建立坚强有力的组织领导机构。火车跑得快，全靠车头带，要加强对河湖管理工作的组织领导，成立河湖治理专班，通过高力度推进、高标准要求、高频率会商、高压态势督促，强有力推进河湖治理工作取得突破性成效。

二是要树立系统治理、水岸共治理念。加强河湖治理工作调查研究，优化河湖治理思路，明确河湖治理方案，按照“目标更加清晰、指标更加科学、监测更加全面、治理更加有力”要求，不断提升工作水平和质量。

三是紧紧抓住疏解整治促提升契机。要善于借力、精准发力，搭乘“疏解整治促提升”中心工作顺风车，多部门形成合力，多机制协同发力，高效解决辖区流域内涉河湖违法违规问题，共同做好区域河湖管理保护工作。

四是强化动态管控建立长效管理机制。水域生态环境保护是一项长期、动态的工程，需要我们加强过程监督，完善巡查机制和问题解决机制，对发现的突出问题，采取沟通协调、发放告知单、约谈等方式，督促问题整改到位。

五是广泛宣传拓宽社会公众参与渠道。河湖治理工作不能靠政府或某个部门单打独斗，需要政府、社会单位、居民群众共同参与进来，我们要拓展公众参与渠道，利用微信公众号、APP、普法宣传、现场互动等多种形式，营造全社会共同关心和保护河湖的良好氛围，努力实现河湖生态的根本好转和永续发展。

陶然亭街道奏响“三部曲”，以“河长制”促“河长治”

陶然亭街道办事处

| 亮点 |

陶然亭街道始终秉持“绿水青山就是金山银山”的生态理念，高度重视河长制工作落地落实，主动作为，攻坚克难，构建了街道、社区、志愿者三级河长体系、设立了河长办公室，建立联合会商、联合整治、联合监测、联合执法等协同联动机制，充分发挥党建引领作用，开展多形式宣传活动，组织动员地区党员、志愿者、社区居民、辖区单位共同参与河湖治理，以全面落实“河长制”工作为抓手，结合人居环境整治，陶然亭的水环境得到了持续优化。

一、案例背景

南护城河自西便门，绕流外城，经广渠门向北入通惠河。南护城河西城段北起西城区西便门桥的二热闸，沿西南二环路经右安门、永定门桥进入西城区，本区河长 7.68km，河宽 22～45m，水深 1～2m，过水断面为矩形（垂直岸），水源为永定河引水渠（除雨季外基本无入流）和高碑店污水处理厂的再生水。根据北京市地表水功能区划，南护城河西城段属景观娱乐用水区，主导功能为景观，且为区域内重要的行洪河道，目标水质Ⅳ类。其中通惠河（开阳桥至马家堡东路段），全长 1100m，占全区通惠河段全长的 5%，主要肩负防汛和供水两大功能，由北京市城市河湖管理处第三管理所负责日常管理维护。

通惠河陶然亭段左岸绿化总面积为 14979.54m^2，黄杨色带总面积共 3635.75m^2，主要植物有碧桃、桧柏、樱花、垂柳、木槿、连翘、竹子等，

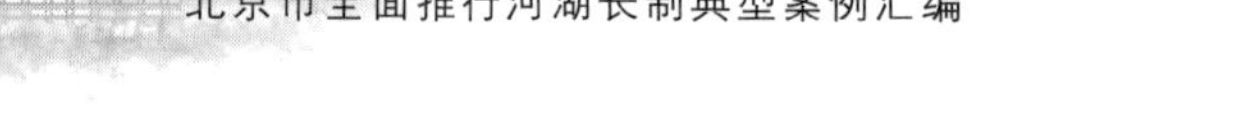

形成一个三季有花，四季有景的生态涵养绿色慢行步道。

二、主要做法或措施

近年来，陶然亭街道始终秉持“绿水青山就是金山银山”的生态理念，高度重视河长制工作落地落实，主动作为，攻坚克难，构建了街道、社区、志愿者三级河长体系、设立了河长办公室，建立联合会商、联合整治、联合监测、联合执法等协同联动机制，充分发挥党建引领作用，开展多形式宣传活动，组织动员地区党员、志愿者、社区居民、辖区单位共同参与河湖治理，以全面落实“河长制”工作为抓手，结合人居环境整治，陶然亭的水环境得到了持续优化，环境美了，居民的幸福感也在不断提升。

（一）加强组织领导，健全工作机制

自开展“河长制”工作以来，陶然亭街道坚持以人民为中心的发展思想，牢固树立“绿水青山就是金山银山”理念，将全面推行河长制作为完整准确全面贯彻新发展理念、推动高质量发展的内在要求。自《北京市进一步全面推进河长制工作方案》实施以来，街道高度重视，积极创新，构建了街道、社区、志愿者三级河长体系，由街道工委书记和办事处主任担任河长，明确一把手负总责、亲自抓的工作格局，以问题为导向，深入河湖一线，围绕加强河湖治理保护、改善河湖生态环境、修复河湖生态系统等问题开展细致调查研究，严抓河湖管护问题整改落实，提高河湖治理保护工作水平。

为有效推动河长制各项工作有序开展，加强部门间的联系沟通和协调配合，陶然亭街道设立了河长制办公室，建立联合会商、联合整治、联合监测、联合执法等协同联动机制，明确责任单位和进度要求，加强横向联动，齐抓共管，完善信息沟通、日常巡查、工作督查等制度，做到日日有巡查，确保河长制工作有计划、有步骤、有序推进。

（二）深化党建引领 凝聚多方力量

为进一步推动“河长制”工作落实，不断改善水域环境质量，做护河巡河的践行者，陶然亭街道充分发挥党建引领作用，动员地区老党员、老干部等40余名“五老”人员组成了河湖志愿者队伍，维护陶然亭地区的一河一湖，这些“民间河长”统一着装，每天徒步行走在全程共1.1km的

通惠河陶然亭段，巡查沿途的垃圾污染、河道漂浮物、劝导各种违规钓鱼、乱扔垃圾等不文明行为，河湖志愿服务队的队员们以实际行动为水美陶然贡献力量。在他们的不懈努力下，不文明行为在减少，河湖环境得到有效保护，河湖志愿服务队队长李德亮说：“我是一名党员，又是志愿服务队的负责人，就要严格要求自己，起带头表率作用。”陶然亭街道将河长制工作与党建深度融合，形成组织引领、党员带动、群众参与的护河合力，扎实高效推进河长制工作落实，通过用好在职党员“双报到”机制，充分发挥党员干部在全面落实河长制工作中的先锋模范作用，促进河长制工作长效化、常态化，由龙泉社区组织地区党员与陶然亭公园在职党员“结对子”，共同开展河道保洁、巡查养护行动，用实际行动带动和引导周围群众养成保护生态环境，践行“巡河护水我先行”理念，维护河道水环境质量的意识，形成强大合力，为保护绿水青山贡献党员力量，助力地区“河长治水”落实落细落地，全面见效。

（三）强化宣传教育，努力营造氛围

为持续推进地区河长制工作向纵深开展，全面推广河长制相关知识，呼吁更多社区群体加入护河的队伍中来，营造全民了解河湖、关注河湖、保护河湖的良好氛围，陶然亭街道充分利用“京华陶然”微信公众号、《陶然之窗》报等方式全面宣传河长制工作。举办“爱河、用河、护河”征文比赛，提高地区居民保护河流意识，进一步推动陶然亭河长制工作健康持续发展，提高河长制工作知晓度，助力陶然生态文明建设，实现“水清、岸绿、安全、宜人”的目标；组建“京华陶然”百姓宣讲团“进机关、进企业、进校园、进社区、进家庭”开展巡回宣讲，为居民讲述陶然亭街道河湖志愿服务队的故事，发挥道德模范、身边好人榜样引领作用，向居民宣传河湖保护内容，引导辖区单位和社区居民了解什么是河长制，以及保护河湖生态环境的重要性，进一步增强群众参与、支持和监督河湖管理保护意识，广泛发动、充分调动社会各界力量参与爱河用河护河行动，形成“全民治水”的良好工作局面，切实营造全社会保护河湖的良好氛围。近年来，辖区单位和社区居民河湖保护工作的责任意识和参与热情不断提高。今后，陶然亭街道将继续深入开展形式多样的宣传活动，广泛带动全社会力量，共建水美陶然家园。

三、成效

通过陶然亭街道几年的努力，河湖周边环境逐渐改善，南二环水系的水质持续向好，基本实现了“水清、岸绿、安全、宜人”的目标。并通过宣传手段，不断加深市民对河长制工作的认识，初步实现人人亲水、人人护水、人人爱水的全社会共建水美陶然家园的目标。

四、思考与启示

一是继续加强宣传教育，努力提升河长制工作氛围。积极运用各种平台的形式，加强对治水护河工作的宣传，着力提高沿河居民及企业的意识，努力引导群众关心、支持、参与、监督“河湖长制”工作的良好氛围。

二是坚持落实河长制，强化长效机制。陶然亭街道将以强化落实河长制为切入口，实现河长制工作的常态化和长效性。定时组织日常巡查，定期召开工作例会，定期组织联合整治，水岸齐抓、标本兼治、治管并举，同时根据日常巡查中发现的急需解决的问题，不定期开展专项整治。

三是加强河道巡查员培训教育，提高巡河频率。加强对巡河中存在的问题进行整改，并且强化自身安全意识。

四是开展巡河专项整治工作。解决新发现的问题，朝着“水清、岸绿、安全、宜人”这一目标大步向前。

朝阳区

朝阳公园河湖案例分析

北京朝阳公园开发经营有限责任公司

| 亮点 |

朝阳公园是北京市四环以内湖水面积最大的公园，不规则的湖面沿岸种植了大面积的各种地被植物、水生植物，并且错落有致地穿插种植了大量的水杉、樱花、紫叶李、山桃等乔灌木。公园的南部、西部和北部共设有三个游船码头，游人可以在不同区域、不同地点自由挑选上船地点，游览不同的湖岸自然景观，尽情享受水清岸绿自然风光所带来的无比快乐。沿湖亦可观看到公园周边多处景观，南部可见中国尊、凤凰卫视大厦、神奇游乐宫旧址、蹦极塔，中部有欧陆风韵、1 号吊桥、滨水之舟，北部有奥运沙滩排球场馆、海洋沙滩游泳场、北堤桥、水符号雕塑、蓝色港湾等景观。2013 年至今，朝阳公园北湖设立了野鸭岛，在此安家的野鸭每年不断繁衍增多，成群结队的野鸭吸引来无数的游人及摄影爱好者在这里驻足观看，拍照留念。

在由北京市河长制办公室组织的“北京优美河湖”评定中，朝阳公园湖因其“水清、岸绿、安全、宜人”，经过层层审核投票，被评定为 2020 年优美河湖。

一、案例背景

朝阳公园湖位于北京市朝阳区东三环路与东四环路之间，原名水碓湖，湖泊为清朝民国时期窑坑所形成，水源主要靠拦蓄汛期本地雨水及平房灌渠补水。20 世纪 80 年代，根据水碓湖水面、电厂供水、城市发生特大暴雨时调洪的综合需要，挖淤清底修坡引水，成为朝阳公园湖的基础。按照 2004 年 3 月 18 日北京市规划委员会“审定设计方案通知书（规审字

0127 号文件）”批准的规划，朝阳公园湖水水系上接亮马河、下通红领巾公园，分为南湖、北小湖、方舟湖、荷花湖和北湖大小不等五个湖泊南北走向一字排开，全长 2.8km，水面面积约 68.2hm^2，湖水来源丰水季节为城市雨水，枯水季节为城市中水。2021 年朝阳公园湖并入朝阳区河湖水利管理系统，目前已实现朝阳公园湖与亮马河的水系贯通，公园湖水为流动水体，水源来自亮马河，水体水质与亮马河水体水质一致。

二、主要做法或措施

（一）强化制度建设，管控责任到人

朝阳公园领导班子高度重视河长制工作，组织专项领导小组，公司领导任组长，全园各部门全部参与河湖环境提升工作中；制定专项工作方案，明确各部门岗位职责，将河长制工作宣传落实到基层各个角落；明示湖长牌示，做到制度上墙，接受各方面工作监督。

（二）落实岗位责任，扎实开展工作

朝阳公园各层面严格落实各项工作部署，经营单位严格管控商户经营用水排放，严禁污水混入雨水系统排放；物业部门定期对相关出租房屋进行检查，配合水电管理部门清查雨污合流问题，一经发现严格处理，并及时进行管道封堵；水电保障部严格执行巡检制度，定期对于全长 5km 湖岸线所列 74 个雨水排放口逐一检查；绿化保洁部严格落实湖面卫生保洁工作，维护好公园湖面环境。

（三）坚持科学治理，加大投入力度

朝阳公园多年来先后采用了多种措施加大河湖维护力度，推进改善湖水水质，以维护河湖景观。

2005 年，公园使用生物环保制剂改善水质。朝阳公园南湖西侧水域采用投放酶可邦生物制剂的方法治理，检测 COD 值有所降低。2020 年，朝阳公园征询市区环保单位的专业建议、充分借鉴其他公园河湖治理经验，于当年 7 月，聘请第三方专业公司对朝阳公园南湖及方舟湖进行河湖污染治理，通过定期监测水质及水藻变化，投撒生物改底剂、除藻剂，净化湖水、去除水藻，控制湖水水体等各项指标达标。

自 2012 年开始，朝阳公园在原有水生植物的基础上逐步丰富、完善水生植物景观。每年完善水生植物 2000 余 m^2，种植荷花、睡莲等水生植

物 1 万余株。目前已在公园北湖、莲花湖及荷花湖等区域形成了以野生红莲为主要观赏植物的种植区，总面积 5 万余 m^2。在野鸭岛南侧湖面设置框架，每年夏季种植 1000 余 m^2 的水葫芦，在北湖湖面上形成了一道蓝色的花带。朝阳公园对生态水溪的水生植物景观进行了调整，定位为精品荷花展示区。种植有东湖情思、太空骄阳、大洒锦、冰心等十余种精品荷花，配置有蓝色睡莲、王莲等珍贵水生植物品种，受到了游客的普遍好评。

公园充分运用科技手段，监测湖水水质。朝阳公园自 2004 年全园建成后，每年均会定期请有关检测部门进行水质检测。2021 年 8 月配合朝阳区河道管理所，在朝阳公园北湖安装水质监测系统，实时监测水质温度、色度、需氧量和有毒物质等综合指标，如出现水质参数异常，第一时间发送信息，提醒湖水管理人员采取治理措施。

公园在维护湖水主体水质的同时，积极调整经营业态，譬如及时关闭以餐饮为主的旅游一条街，改造为具有新生命力符合潮流发展的双生街区；调整水资源耗能大的沙排经营区域，改造为适合青年消费兴趣的电竞项目综合体。

公园在自身努力改善水质的同时，积极配合区水务局实施亮马河与朝阳公园北湖水系联通工程，不断完善朝阳公园水系生态环境景观、促进水体循环联通、改善公园湖水水质。

三、成效

随着河长制工作的稳步推进，朝阳公园湖水综合治理水平不断提高，朝阳公园湖周边环境得到了大幅提升，湖水水质也得到了明显改善，水体已达到Ⅳ类水体标准。

朝阳公园自然水生植物和景观水生植物与湖岸乔灌木呼应配合，不仅形成了有层次的植物生态景观，也有效改善了水域周边环境及小气候。日趋完善的河湖生态系统，引来了各种鱼类鸟类，朝阳公园河湖现已成为野鸭、天鹅、鸳鸯、夜鹭等鸟类的栖息地，每年有大量留、候鸟集中于此，湖岸周边也经常发现刺猬、松鼠、野兔、黄鼬等小型动物湖边喝水的身影，这都是公园河湖生态系统趋于完善的自然反映。

四、思考与启示

朝阳公园湖在区委区政府领导下，在地区办事处、区水务局、区环保局等多方的共同努力下，经过多年的业态调整、水环境治理、水岸景观建设等诸多方面的尝试和努力，促进水域水质提升，河湖环境持续向好，水质治理也取得了明显成效。但要想再进一步改善，难度也越来越大。这其中有技术上的难题，也有管理上的矛盾。

首先，朝阳公园湖水治理，要从源头治污。最主要的还是污染源的溯源比较难。虽然公园内已经建设完备的雨污分流系统，但仍有小范围小体量的污水，通过市政雨水管线排入公园湖内，这些溯源起来比较困难，需要统筹水域上下游的水资源、水生态和水环境各方面关系，及时从根源上制止或进行相应改造。

其次，进一步加大沉水植物种植量，营造“水下森林”。因为沉水植物可有效吸收转化水中的有毒有害物质，可将水中的氮磷等物质进行分解，控制水体营养盐浓度，恢复良好的水生生态环境。沉水植物大都含有丰富的蛋白质和碳水化合物等营养元素，在维护河湖底栖动物群落、保护生物多样性上发挥着重要作用。通过观察沉水植物的生长情况，还可以判断水质的改善情况，如大茨藻、小茨藻，通常被看作湖泊水质的风向标。

在湖水治理过程中，不能急于求成，要尊重自然发展规律，做好科学规划和长期资金投入的准备。治水没有最好，只有更好。要想真正做到“长治久清”，还需久久为功。

朝阳群众小河长用青春行动守护绿水青山

朝阳区河长制办公室

| 亮点 |

2017年年底，北京市全面建立河长制以来，朝阳区按照市总河长关于“河长制既是治水工作机制又是责任制，要一抓到底”的指示要求，积极构建河长制工作体系，持续开展“清河行动”和“清四乱”专项行动，河湖水环境质量明显改善，河湖综合治理取得明显成效，水污染防治工作在全市被评为优秀。水清岸绿、鱼翔浅底的美好景象不断呈现，广大市民的获得感、幸福感不断增强，共商共治共管共享的治水格局逐步形成。在此期间，由朝阳区河长制办公室（朝阳区水务局）、共青团北京市朝阳区委员会共同发起的“朝阳群众小河长”志愿服务项目孕育而生。项目实施以来，参与范围不断扩大，项目活动越发完善，项目内涵逐渐深化，已成为我市最有特色、最有效果、最有影响的河湖志愿服务项目，受到了水利部和北京市领导的高度肯定和好评，成为了我市河长制工作公众参与志愿服务的金名片。

一、案例背景

朝阳群众小河长志愿服务项目，是积极贯彻落实习近平生态文明思想，结合共青团中央“美丽中国·青春行动”工作部署，围绕共青团北京市委员会开展的“五大青年行动”中“节水护水青年行动”主题，由共青团北京市朝阳区委员会联合区河长制办公室（区水务局）共同发起的青少年公益志愿服务项目。项目动员青少年家庭中的儿童担任“朝阳群众小河长”，围绕“节水、爱水、护水”主题参加水实验课堂普及水环境知识，通过日常巡河的公益行动，引导青少年增强生态意识，保护身边的母亲河，进而带动更多青少年家庭参与到河湖管护和水生态文明建设的志愿服务中来。

二、主要做法或措施

（一）构建专业化、责任化的组织队伍

区水务局、团区委专门成立小河长项目工作组，组建项目研发管理团队。全区考核选拔29名青少年事务社工成立小河长专业讲师团；依托社区青年汇设置小河长站点，由社工担任项目班主任，负责全年小河长志愿服务项目的管理执行；聘请区水务局、街乡河长办工作人员担任“水务辅导员”。班主任、讲师、水务辅导员共同带领小河长开展线下巡河实践活动，深入各社区、学校，宣传节水护水知识。从工作组、讲师团、班主任再到“水务辅导员”，充分发挥专业力量作用，不断增强项目的专业性和科学性，进而更有效地组织青少年参与到生态文明建设中来。

（二）设置知识性、趣味性的实践活动

一是由区水务局、团区委等相关部门合作研发项目课程。课程包括水环境环保知识普及讲座、微型水环境生态圈制作、脏雪糕制作、地表水体化验、净水器制作、节水大讲堂、“河小青”生态微课堂、“垃圾分类”微课堂、南水北调润京城在内的九门专业小组课程，将水环境知识普及与动手制作相结合，寓教于乐。二是组织开展“守护身边的河”等公益实践活动。在志愿巡河过程中，由水务辅导员带领，小河长携手社区（村）级河长、街乡河长办工作人员共同参与巡河实践，进一步了解身边河湖故事、水环境管理工作，通过实地采水取样，观察水质变化，从实践中提升关爱水环境的责任意识和保护意识。

（三）提供科技化、信息化的服务保障

一是开通“小河长在线”巡河功能。在疫情常态化形势下，为推动小河长们高效便捷地参与到河湖管护志愿服务中来，区河长办在“朝阳河长通”开发“小河长在线”巡河功能，建立问题“发现—上报—督办—反馈—销号”的闭环工作机制。小河长们可自行在辖区内开展志愿巡河，记录巡河日志，反映河湖问题，实现常态化巡河护河。二是依托“志愿北京”

平台记录服务时长，为小河长志愿者建立服务档案，记录志愿服务时长，实现规范化管理。

（四）形成专属性、社会性的动员方式

一是制定专属性的小河长标志。设计制作“八张图带你读懂朝阳群众小河长”卡通插图、小河长巡河工具箱、小河长巡河包、小河长专属臂章、小河长巡河日志本、小河长巡河护照等一系列宣传物资，深受志愿者的喜爱，增加了项目传播度。二是采用“线上线下”“学校社区联动”“激励机制”等动员方式组织动员青少年参与相关活动。每年“世界水日”“中国水周”期间，线下通过青年之家门店，线上在“水润京华”“亲水朝阳”等公众号等广泛招募青年家庭参加活动，与区河长办共同印发“朝阳群众小河长志愿服务证书”，将证书直接送到表现优秀的“小河长”所属学校，并由学校大队委老师颁发给小河长，提高“朝阳群众小河长”志愿服务工作的参与感、荣誉感和获得感，进一步激发他们参与活动的积极性。三是采取时尚新颖的宣传方式带动更多的人参与。2020 年 8 月 25 日，“朝阳群众小河长”启动抖音线上直播宣传，吸引 5300 余人次参与话题互动。2020 年 11 月 7 日，在温榆河公园朝阳示范区成功举办“美丽中国，青春行动”——朝阳群众小河长生态文明嘉年华暨 2020 级朝阳群众小河长毕业巡河行动，活动当天，在园内建立了“朝阳群众小河长”志愿公益实践基地，凝聚了浓厚的宣传氛围。2021 年 3 月 27 日区河长办、区水务局、团区委联合举办“世界水日”和“中国水周”系列宣传活动暨 2021 年朝阳群众小河长项目启动仪式。活动在亮马河燕莎段、温榆河公园朝阳示范区、萧太后河马家湾湿地公园同时组织开展，来自朝阳区的 300 名青少年及其家庭参与其中，通过河湖绘画体验、“水实验课堂”课程体验、互动拍照打卡等多个环节，感受小河长活动风采，增强青少年生态保护意识。

三、成效

“朝阳群众小河长”志愿服务项目自 2017 年发起至 2021 年，已经实施四年，建立的社区“小河长站点”由 2017 年的 10 家到 2021 年的 43 家，小河长志愿者“志愿北京”在线实名注册人数更是从百名增长至四千余名，项目覆盖范围从社区延伸至校园，已在 24 所中学的 28 个校区成立了

小河长志愿公益社团。

2021年，共招募了1200名小河长志愿者参与河湖管护志愿服务，依托全区43家社区青年汇开展包含节水护水科技创新创意大赛、“水环境保护”系列课程、净滩行动、线下日常巡河在内的项目活动344场，直接受益11878人次。小河长巡河里程累计达2.68万km，巡河上报问题900余件，巡河发现问题多以水面漂浮物、垃圾杂物、雨篦堵塞为主，通过小河长的巡河监督，进一步织密了河湖环境监管网络，促进了河湖环境更加精细化和规范化管理，有效地助力了河长制工作，营造了良好的“节水、爱水、护水”氛围。

该项目得到了社会的广泛关注，央视、北京电视台、人民网、中国环境报、北京日报等多家媒体都对朝阳群众小河长项目进行了专题报道。项目曾荣获2018中国青年志愿服务项目大赛银奖，并成为了全国青年志愿服务优秀项目库第一批入库项目；2019年12月，荣获第九届“母亲河奖”优秀组织奖；2021年10月，荣获2021年首都志愿服务项目大赛银奖。

四、思考与启示

“朝阳群众小河长”志愿服务项目，以深入学习宣传贯彻习近平生态文明思想为主线，构建以“保护母亲河”“引导青少年参与基层社会治理”“垃圾分类”等为主要内容的新时代共青团参与生态文明建设工作格局，让河长制工作走进家庭、学校和社区，让大小河流有了给力的守护人。小河长们在求知探索中，以科技创新为支撑，以文化传承为担当，用实际行动将环保的声音和责任传递到身边每个人的心中。通过小手拉大手、小家带大家，营造出“人人争当践行者，人人都是宣传员”的良好示范作用。下一步，朝阳区还将利用“朝阳群众”品牌力量，不断深化“朝阳群众小河长”项目内涵，探索鼓励更多的沿河企业、居民参与河湖管护工作，不断扩大河长制工作群众知晓度和社会参与度，持续为首都生态文明建设工作做出更大的贡献！

亮马河：一条让梦想照进现实的幸福河——北京朝阳坚持以人民为中心打造幸福河湖的生动实践

朝阳区河长制办公室

亮点

朝阳区委区政府深入贯彻落实习近平生态文明思想，牢固树立“绿水青山就是金山银山”理念，践行北京城市总体规划，牢牢把握首都城市战略定位，将疏解整治促提升与水生态文明和城乡环境建设同步实施。在市委、市政府的坚强领导下，朝阳区政府与各部门共同努力，充分运用河湖长制工作机制，全面建立责任体系，不断完善工作机制，推动解决了一批河湖保护治理难题。坚持以人民为中心，以亮马河治理为代表，按照“专业、节俭、为民”原则，坚持“政企共建”以“东方向新、‘和’文化”为文化精神内涵，打造以水为魂、以绿为底、以光为韵的城市精致景观河道。

一、案例背景

全面推行河湖长制，是以习近平同志为核心的党中央，立足解决我国复杂水问题、保障国家水安全，从生态文明建设和经济社会发展全局出发作出的重大决策。2016 年 10 月，习近平总书记主持召开中央全面深化改革领导小组第二十八次会议并发表重要讲话。会议指出，保护江河湖泊，事关人民群众福祉，事关中华民族长远发展。2016 年 11 月、2017 年 12 月，中共中央办公厅、国务院办公厅先后印发《关于全面推行河长制的意见》《关于在湖泊实施湖长制的指导意见》。2017 年 7 月、2018 年 9 月，北京市委办公厅、北京市人民政府办公厅先后印发《北京市进一步全面推进河长制工作方案》《关于在湖泊实施湖长制的工作方案》。根据北京市关于河长制工作的整体部署，朝阳区迅速贯彻落实中央要求，按照北京市总河长关于“河长制既是治水工作机制又是责任制，要一抓到底”的工作要求，全力推动河长制在朝阳区“生根开花”。五年来，在市委、市政府的坚强领导下，朝阳区政府与各部门共同努力，充分运用河湖长制工作机制，全面建立责任体系，不断完善工作机制，推动解决了一批河湖保护治理难题，区域内亮马河、坝河、朝阳公园湖等 11 条（个）河湖被评为“北京市优美河湖”，河湖面貌持续向好，人民群众的获得感、幸福感、安全感显著增强。

朝阳区委区政府深入贯彻落实习近平生态文明思想，牢固树立“绿水青山就是金山银山”理念，践行北京城市总体规划，牢牢把握首都城市战略定位，将疏解整治促提升与水生态文明和城乡环境建设同步实施。坚持以人民为中心，以亮马河治理为代表，按照“专业、节俭、为民”原则，坚持“政企共建”以“东方向新、‘和’文化”为文化精神内涵，打造以水为魂、以绿为底、以光为韵的城市精致景观河道。2019 年，朝阳区启动了亮马河四环以上段景观廊道建设工程，2020 年 8 月，全面对外开放。2021 年 7 月，麦子店桥和朝阳公园桥完成改造提升，亮马河实现三环至朝阳公园湖 1.8km 游船通行，河道两岸景观再次提升。自 2019 年亮马河国际风情水岸项目实施以来，朝阳区委、区政府多次现场调度、专题研究、统筹推动。各部门密切对接方案，研究土地空间利用、绿化方案、桥梁改造和道路建设方案，协同配合，合力共建。如今亮马河国际风情水岸已成为朝阳新形象的“城市地标”，成为首都金名片。

（一）河道情况

亮马河位于北京市朝阳区东部地区，为运河文化带的重要组成部分，起点为香河园路，经三里屯、左家庄、麦子店、将台、酒仙桥、东坝，最终汇入坝河，全长 10km，其中四环路以上 5.5km。南岸紧邻使馆区，沿线酒店餐厅林立，有东直门 8 号、燕莎商城、昆仑饭店、凯宾斯基、启皓大厦、好运街、蓝色港湾、朝阳公园等高端商业和城市公共空间。亮马河如同朝阳水系的“眼睛”，是对外展示朝阳治水工作的窗口，也是首都大运河文化带建设的重要标志。

（二）工程简介

亮马河四环以上段景观廊道建设工程，治理起点为香河园路，经三里屯、左家庄、麦子店街道及朝阳公园，终点至东四环北路，全长 5.5km。本次对水域与岸上绿地空间实施综合治理，主要实施水利水生态、景观绿化和夜景照明建设。一河两岸形成“建筑—绿地—水”无缝衔接，建设面积为 80.75hm^2，其中水面面积 16.67hm^2，绿化面积 64.09hm^2。

二、主要做法

（一）党政主导，理念更新，社会共治

朝阳区委区政府高度重视，以亮马河综合整治为载体，统筹各类资源。创建“共商、共治、共建、共管、共享、共赢”的“六共”理念，改变以往“政府一家治河，单打独斗”的局面，探索出“政府主导，社会共建”的新模式。在区政府主导下，面向全球征集亮马河概念方案工作，围绕项目设计、建设、运营等方面形成多方参与机制。区主要领导、分管领导多次深入现场指导，重点问题亲自调度，为项目建设提供了坚强支撑。区发改、规自、国资、水务、绿化、交通、城市管理、属地等各部门协同配合，各司其职、各负其责、齐抓共治。项目决策遵循“专业、节俭、为民”原则，由专家团队领衔把关。此外，市民踊跃献计献策，奥克伍德、昆仑饭店、蓝色港湾、燕莎等沿线企业投入 6900 余万元，积极参与建设和管护，形成“党委领导、政府负责、社会协同、公众参与”的机制，凝聚了社会治理合力。

（二）规划引领，生态优先，综合施策

（1）实施“红线管控”。在建设前期，对亮马河沿线 20 余家所有产权单位实施“一楼一图”的红线管控对接，逐地块开展全面细致研判对接，一把尺子量到底。拆除河道保护范围内停车位 1583 个和各类违建 1.39 万 m^2，拆除非安全必要的用户围栏及朝阳公园北部围栏共近 1700m；改造花卉市场、铂宫等旧空间和引导沿河两岸企业改造旧业态。在运行后期，严格河岸开放空间利用审批，杜绝一切非功能性设施建设。实现“留白发展”，让自然做功。

（2）实施“五水联治”。落实“治污水、禁地下水、用再生水、蓄雨水、抓节水”五水联治工作要求，对沿河 24 个排水口污水溯源治理，关

停片区内绿化机井，禁止取用地下水，外调护城河再生水 5 万 m^3/日，两岸绿地实施海绵措施蓄积雨水，片区内近 50 家大型用水企业创建高标准节水载体。

(3) 实施“水岸同治”。治水、修岸、绿化、修复和亮化建筑外立面，打开河道生态空间，拆除各种形式隔离，城市蓝线、绿线、红线“三线融合”，实现“建筑—绿地—水面”无缝衔接。具体治理措施如下：①驳岸治理：为减小洪峰时的影响，设计采用弹性的双层设计，下层为弹性可淹没区，上层为观景区，既减少了潜在的洪水破坏，又创造了鲜明特色的景观环境。自然蜿蜒的河道和滨水地带为各种生物创造适宜的生态环境，呈现生物多样性的景观。②植物种植：根据亮马河河道特点，选择适宜搭配的常绿植物比例，混合种植矮生苦草、狐尾藻等沉水植物和菖蒲、芦苇等挺水植物，水生植物与河边灌乔木呼应配合，形成有层次的植物生态景观。③科技智慧：沿岸景观小品及地下式垃圾站等都融入科技智慧元素，构建智慧感知系统，打造现代化河道体系。④岸上景观：因地制宜地设计了音乐广场，增加园区小品设计和居民休憩桌椅，全面提升夜间灯光照明。项目将水面、驳岸、绿化景观至道路和建筑物紧密衔接和融合，呈现出浑然一体的效果。

（三）为民服务，科技感知，激发活力

(1) 还河于民，建设滨水开放空间。建立政府主导、公众参与的“共商机制”。高效组织市民、20 余家企业和外国友人等各类利益相关主体，召开 70 余次开放式方案会，形成各方满意方案。实施“两增两补”，提升公共空间品质和完善公共配套设施。增加 16.67hm^2 城市水面旅游休闲新资源，增加 64.1hm^2 高品质城市公共新空间。补齐公共服务短板，沿线建设 4 个卫生间和 1 个自动化垃圾站。补齐城市滨水慢行系统，打造 10km 滨水绿道，横向打通新源路、新东路桥区，纵向连通新东路、三里屯路、麦子店街、安家楼路，23 个居民小区直达亮马河。

(2) 以水会友，优化社区公共服务。充分结合公共利益，重塑社会公共服务空间，构建具有艺术审美、设计新颖、丰富多变的社区场景。“水岸”变“会客厅”、“停车场”变“百姓秀场”、“河体”变“市民乐场”(三环路以上宽阔水面植入赛艇运动，也是游泳爱好者乐场。三环路以下旅游通船，朝阳公园以下成为垂钓爱好者乐园)。以光为韵，科技治河，

“船闸”变“沉浸式影厅”，“桥梁”变“网红打卡点”，水岸建筑灯光璀璨，一桥一景，水色交融，美轮美奂展示朝阳魅力。

(3) 水城共融，注入区域发展活力。在推动建成亮马河国际风情水岸过程中，始终致力于通过一条河的景观提升，激活一个商圈，带动一片街区成为区域发展新的增长极，充分释放生态红利，激发市场活力，优化营商环境。开发水面资源，植入旅游通船产业，2021年8月，三环路至蓝色港湾2km旅游通船，市民轻舟夜赏亮马河。良好的生态环境促使两岸企业积极转型发展，首农集团的“花卉市场”变身“绿色食材品鉴”，亮马置业的“牛肉面馆”变身“咖啡馆”，蓝色港湾和好运街成国际化滨水餐饮街，打造沉浸式、体验式“夜间经济”文旅消费IP，围绕休闲娱乐、购物消费、美食餐饮，发展“四首”（首店、首牌、首秀、首发）经济，促使商圈结构和品牌类型调整升级。

（四）规范管理，标准重塑，树立标杆

(1) 以“五法”促进水务工程规范化。为确保实现亮子河国际风情水岸设计效果，在施工环节突破既有思路和模式，由区水务局组织专家反复研究总结工程建设经验，学习其他地区先进管理方法。在建设环节，通过建立“五法”，即：透明资金监管链、压实监理单位责任、落实全过程造价咨询、规划设计还原控制体系和建设标准化工地，创新管理经验，树立水务工程建设新标杆。

(2) 以“绣花功夫”推进城市治理精细化。按照“专业、节俭、为民”原则，坚持在细节和品质上精益求精，合理支配资金使用，打造“亮马河质量标准”，如：13°扶手、40cm高座凳、5mm木板缝隙、1lx照度、凹缝砌石、样本段先行＋交叉工程保护＋关键工序止步、效果图还原等工艺和程序，为城市更新树立样板。着力“三边三化”，河道涉及“桥边、楼边和路边”实施“绿化、美化和亮化”，昔日“灰色空间”变成“金角银边”。

(3) 以“物业模式”探索河道管理更高标准。为实现亮马河高标准、专业化、规范化管理要求，区水务局将传统意义上的水环境保洁、绿化养护、水利设施、景观设施等运行维护内容进行整合，全部纳入物业化综合服务范围。根据工程设计单位编制的运行管理手册、《北京市河道分级管理维护作业标准（试行）》、北京市公园管理等相关文件，制定亮马河四环路以上段各类设施运行管理标准。通过政府采购竞争性磋商的方式，经综合评比后选取河道运行维护项目服务单位。同时，为使河道物业化管理更加规范、精细、高效，服务单位引进多种智能化平台，如：巡更系统（GPS定位、定点打卡）、内部监督系统（自动派单、摄像报修）等科技化手段，督促物业人员高效开展工作、处置问题，充分利用信息科技手段促进效能提升。

三、取得成效

（一）推进生态文明建设，百姓乐享“生态红利”

亮马河国际风情水岸是以建设“造福人民的幸福河”为目标，始终坚持以人民为中心打造幸福河湖的生动实践，顺应了人民群众对美好生态环境的新期待和新愿望。治理后的亮马河燕莎、蓝色港湾、奥克伍德等河段全面开放，河面碧波荡漾，沿途随处可见郁郁葱葱的灌木、油柏，低平的岸坡堤上长着茂密的水生植物，绿廊步道紧贴着河道欢快地延伸。靓丽的景色吸引着游人前来，河岸徐徐吹来的清风吸引着人们前来纳凉。到了夜晚，沿河道散步的人络绎不绝。整个亮马河水环境的提升，沿线优美的景观带，为居民打造优美安全的“亲水、近水、乐水”开放水岸，也已成为首都群众触手可及的“绿水青山”。

（二）促进区域经济活力，营商环境不断优化

朝阳区委区政府因地制宜，开拓思路，探索出了“六共”水环境治理的朝阳模式，为全市水环境治理乃至社会治理做出了有益探索。按照“六共”理念，将企业面向亮马河一侧的空间视线打开，让商业环境与生态环境融为一体，形成区域综合体，将其打造成市民的“网红打卡地”，为酒店、商业街区吸引了大量消费者，促进区域经济活力，优化企业营商环境。昆仑饭店和奥克伍德等企业单位对本次治理由衷赞美：“河道环境与酒店周边环境完美融合，效果非常好，提升景观效果的同时也提升了酒店的品质，促进酒店同步改造升级。”蓝色港湾负责人表示：“河道治理没想到能达到这么好的效果，河道和蓝色港湾形成一个整体环境，夜晚蓝港周边河道美轮美奂，游人络绎不绝，在享受美好环境的同时，给蓝色港湾带来了新的发展契机！”

（三）河道治理立足多元，区域功能持续发展

亮马河国际风情水岸项目通过对滨水空间的最大化功能发挥和资源利用，实现了三个尺度的河道功能优化目标。宏观尺度实现了滨水上下游的整体可持续发展；中观尺度促进了河道两岸城市空间的联动发展；微观尺度实现了局部水环境的质量提升和惠民惠企服务。通过充分对接多方资源和多方需求，多规合一、统筹设计，实现了将商业、文化、旅游、民生等发展需求与滨水景观治理提升的有机结合，全面提升了滨水景观的生命力和亲民力。

四、思考与启示

在建设亮马河过程中，朝阳区坚持谋在深处、干在实处、走在前列，深入贯彻习近平生态文明思想，践行习近平总书记“绿水青山就是金山银山”的理念，牢牢把握首都城市战略定位，将水生态文明建设和城市更新同步推进。下一步，朝阳区将坚持党建引领，政府主导，以“六共”模式为抓手倡导社会共治。坚持规划引领，生态优先，绿色发展，持续用生态办法解决生态问题。坚持为民服务，空间开放，资源共享，不断提升城市精细治理水平。以亮马河经验持续打造通惠灌渠、北小河（东湖望京段）、坝河等更多滨水空间，带动更多城市片区更新，让群众有更多获得感和幸福感。

萧太后河：母亲河的华美蜕变

朝阳区河长制办公室

| 亮点 |

萧太后河始于朝阳区西大望路，途经南磨房、十八里店、垡头、豆各庄、黑庄户，进入通州境内。朝阳段全长 12.4km。萧太后河是连接中心城区和首都副中心的重要排水通道，是朝阳的母亲河。2016 年萧太后河朝阳段启动治理，2018 年完工，新增水域 48.5 万 m^2，增绿 126.8 万 m^2。水环境显著改善，水体水质达到地表水四类标准。从五环以下实现 3.4km 河面行船，恢复历史河运风貌。实现"水清、岸绿、景美、蕴深"的治河示范，为居民提供景观优美的休闲空间，受到广泛赞誉，中央及市区领导现场调研 30 余次，社会各界参观数千人，得到 19 个国家、22 家境外媒体报道治理成效。

一、案例背景

萧太后河始于公元 988 年，距今已有千余年。一直到 20 世纪 50 年代之前，萧太后河里的水仍清澈甘洌，水里螺蛳成群、小鱼穿梭，孩子们游泳嬉戏，一幅水丰草茂的江南景象，萧太后河因而被称为朝阳区的"母亲河"。随着城市化进程不断加快，人口数量大幅增长，市政管线和污水处理基础设施缺失，大量污水直排入河，造成河道污染严重，成为了"牛奶河"。

2015 年 11 月，启动两岸沿线污水截流和中水补给工程，我区同步实施管线施工拆迁配合工作。

2016 年，朝阳区启动了萧太后河滨水绿色休闲廊道建设项目，项目区总面积 5211 亩，其中新增水面 921 亩，新增绿地 4290 亩；从五环以下实现 3.4km 河面行船通航，恢复历史河运风貌。

二、主要做法或措施

（一）先谋快动，强化组织保障

2016 年 2 月 18 日，朝阳区成立了萧太后河治理工作领导小组，区委书记、区长任组长，区农委、区发改委、区园林绿化局、区水务局等 20 个部门主要领导任成员。办公室设在区水务局。先后组织专家学者召开 40 余次专题会议研究优化治理方案；积极协调市首农集团、市排水集团、市建工集团和通州区政府等各单位给予大力支持。治理按照“综合性、协调性、自然性和经济性”的原则，充分借鉴国内外生态治河经验，进行综合治理、系统治理和科学治理。

（二）追根溯源，大力截污治污

“污染在河里，根源在岸上”。朝阳找到了这个发力点，由此确立了标本兼治、分类治理、疏堵结合、联动共治的河道治理思路。萧太后河治污首先是截污水、补中水。为做到底数清、情况明，区水务局牵头，对萧太后河和 7 条支流两岸排污口追根溯源、细致摸排，形成了精准的排污口分布台账。为防止污水直排入河，市排水集团在沿河两岸铺设了 14.5km 污水管线，将污水导入定福庄再生水厂；同时铺设了 16.3km 中水管线，将水厂处理后的中水引入河道，日补水能力 10 万 t。

（三）标本兼治，全面疏解腾退

为给萧太后河滨水绿色休闲廊道建设提供空间，朝阳区结合全市疏解整治促提升专项行动，加强统筹，坚持突出重点、精准发力、形成示范的工作思路，突破以往单个乡村为主体、单独疏解点位的模式，整合推进萧太后河沿线南磨房乡、十八里店乡、豆各庄乡、黑庄户乡各类出租大院、仓储物流、交易市场等低级次产业的拆除清退工作，力争连线成片。清退拆除各类低级次产业 145 万 m^2，为滨水绿色休闲廊道建设提供了空间。

三、成效

通过对萧太后河的治理，河道水环境显著改善，水体水质达到地表水Ⅳ类标准。从五环以下实现 3.4km 河面行船，恢复历史河运风貌。实现“水清、岸绿、景美、蕴深”的治河目标，为居民提供景观优美的休闲空间，受到广泛赞誉，中央及市区领导现场调研 30 余次，社会各界参观数千人，治理成效得到19个国家、22家境外媒体报道。

四、思考与启示

一是必须牢固树立生态红线意识。习近平总书记在十九大报告中提出“建设生态文明是中华民族永续发展的千年大计”。朝阳区清醒地认识到加强生态文明建设的重要性和必要性，切实把生态文明建设放在突出位置来抓，努力让朝阳的水更清、岸更绿，环境更优美。

二是改善生态环境真抓实干才能见成效。下大力气改善环境，努力建设美丽朝阳。习近平总书记指出“走向生态文明新时代，建设美丽中国，是实现中华民族伟大复兴的中国梦的重要内容”，“美丽中国”成为全党、全国人民的共同追求。在建设“美丽朝阳”方面，朝阳区广泛动员，多方出击，对全区33条黑臭水体全面宣战，同时改善四大河系区域环境，提升河道“颜值”。

三是改善生态环境就是改善民生。小康全面不全面，生态环境质量是关键。在改善民生方面，朝阳区努力实施民生福祉项目，从提升水环境、改善水质、节约用水等方面提升居民的获得感和幸福感。

未来的萧太后河还将进一步精雕细刻，深入挖掘。软环境和硬任务同时抓，加强周边环境整治，整体环境风格协调统一。充分学习借鉴国内外优秀河道整治项目在景观、绿化、文化等经验做法，全面做好文化挖掘工作，提升景观人文韵味，打造精品景观，努力按照优质旅游景区标准全面提升廊道内配套工程方案。

海淀区

生态治河·水景相融 东埠头沟跻身北京生态新地标——以河长制工作为抓手，持续推动优美河湖建设

海淀区河长制办公室

亮点

东埠头沟是温泉南山地区的一条农田排水沟，根据《海淀北部地区控制性详细规划（街区层面）》，东埠头沟位于翠湖科技园。新的区域定位要求将杂草丛生、索然无味的东埠头沟打造成一条重要的开放式城市滨水景观带。海淀区通过对沟道的综合整治，结合河长制的工作要求，通过完善机制，推动河长积极履职；各司其职，精准溯源；定期会商，对症处方等措施，将东埠头沟从默默无闻的荒沟一跃成为跻身北京生态新地标。

一、案例背景

东埠头沟发源于温泉镇天宝山一带，汇集成两条支流白家疃沟和杨家庄排洪沟，由南向北，顺山而下，流经白家疃村、杨家庄村，在京密引水渠南侧汇流后过山洪桥、东埠头村，过北清路于苏家坨镇东侧汇入周家巷沟。过京密引水渠山洪桥后始称东埠头排洪沟，因村名得名，流域面积约为 14.3km^2，属南沙河水系。

一直以来，东埠头沟汇集了温泉南山一带山洪水和京密引水渠以北地区的农田积滞水，排入南沙河。20 世纪 60 年代，为配合京密引水渠工程，建设了白家疃山排洪沟，兴修区域农业灌溉设施，疏挖整治了东埠头沟，为区域规范有序地灌溉和排洪，大力发展农业起到了积极的作用。

21 世纪初，温泉小城镇开发建设，结合区域开发建设规划，服务经济

发展，满足区域行洪排水需求，在山洪沟上游浅山地区修建了梯级蓄水小塘坝，并对杨家庄排洪沟和白家疃山排沟进行了治理，提高了河道行洪标准，确保镇域内的山区、浅山区的行洪排水安全。

2012 年 6 月，《海淀北部地区控制性详细规划（街区层面）》正式发布，海淀北部地区是中关村国家自主创新示范区核心区的重要组成部分、具有全球影响力的科技创新基地、城乡统筹发展的典范地区和生态环境一流的城市发展新区。东埠头沟恰位于翠湖科技园，新的区域定位要求将杂草丛生、索然无味的东埠头沟打造成一条重要的开放式城市滨水景观带，治河理念和管理机制都面临巨大挑战。

二、主要做法或措施

（一）打破“蓝”“绿”线，建设安全开放之河

河道规划定位明确，流域产业发展方向清晰，2014 年，随着土地一级开发建设，本着开放、共享的治水理念，东埠头沟中段河道综合治理工作全面启动。南起京密引水渠，北至北清路，全长 2.6km，占地面积约 $24hm^2$，河道宽 30m，两侧绿地各 30m，治理标准为 20 年一遇洪水设计，50 年一遇洪水校核。此次治理设计理念突破传统治河方式，充分利用河道周边的规划绿地，采用“浅滩、缓坡、生态驳岸”等多种表现形式，由 30m“蓝线”拓展至 90m“蓝绿相融”，将河道蓝线与绿带充分结合，充分融入人文理念，紧紧围绕城市性景观排洪河道的功能定位，增设绿道慢行系统、亲水平台、栈桥、广场等设施，形成宜居的办公与生活环境，提升园区的生态品质。随后，秉承这一风格和标准，北清路以北至周家巷沟段随着创新科技园组团一级开发建设同步实施，河道全线治理完成，安全开放之河初见雏形。

（二）多水源补给，打造生态健康之河

如大多数北京的河流一样，东埠头沟是季节性排洪河道，无稳定生态水源。为了营造良好的水景观，恢复重构良好的流域生态系统，随着河道治理铺设再生水补水管线 2km，将温泉再生水厂出水加压至河道上游，形成稳定的生态基流，使河道富有生机。2017 年初，稻香湖再生水厂投入运行，翠湖科技园片区建立起一个更加完善的片区补水循环系统，取南沙河主河道河水（雨洪水及再生水）经加压后，沿翠湖东路补水干管为片区内

的东埠头沟等4条沟渠补水，补水量大、水质更好。经过多年滋养生息，东埠头沟草长莺飞，生物多样且健康的生态系统已初步建立。

（三）滨水景观提升，美化宜居活力之河

翠湖科技园高新技术企业分批建成入驻，百姓回迁上楼，来东埠头沟休闲亲水的市民越来越多。为丰富滨水空间，完善亲水设施，整体提升两岸滨水景观，建设一个长条形的公园，增进人民生活福祉。东埠头沟公园设计，在原有河道行洪功能基础上，建筑河道护坡约975m，建设滚水坝3座，丰富水流形态，铺设彩色透水慢性系统，完善标志标识，塑造协调统一的滨水景观风貌，是北京市生态治河示范工程，设计方案获得当年北京市水务科学技术二等奖。

（四）应用新技术，展现智慧创新之河

鉴于河道补水来源有山区塘坝雨洪水、再生水等多水源，为进一步保证来水水体质量稳定，维持生物多样性，在河道上游增设湿地7500m^2，利用表流湿地、潜流湿地等多种形式，植物根系吸附等措施，对再生水厂的出水进行深度净化，确保补水水质良好。为实时监测河道各个入河口水质状况，及时有效处理水污染突发事件，安装芯视界量子点光谱水质监测设备，在线传输水质情况，溯源准、速度快，成为东埠头沟水质守卫的侦察兵。在北清路南侧河段安装了水位和流速监测仪，在线传输至“水务大脑”指挥平台，为汛期防汛调度提供及时准确的数据支撑。

（五）全面落实河长制，完善管理机制

2015年5月，北京市海淀区人民政府办公室印发《海淀区加强水环境保护落实“河长制”工作方案（试行）》，区域河道管理、水环境治理水平上了新台阶。

（1）工作机制完善，河长积极履职。2017年，全市推行河长制工作机制，东埠头沟纳入北京市沙河水库流域督导考核，设市级河长1名、区级河长1名、镇级河长2名、村级河长3名，在各级河长的共同努力下，合力解决多处水环境问题，全民护水管水氛围建立。

（2）各司其职，精准溯源。以区域河湖水环境问题为导向，各职能部门各司其职，落实“街镇吹哨，部门报到”运行机制，精准溯源，准确解决水环境事件。2021年2月，针对区生态环境局断面水质通报显示东埠头沟温泉段断面水质为劣Ⅴ3类的情况，温泉镇“吹哨”，海淀区河长办协调相关单位进行现场调研，对考核断面点位及温泉再生水厂出水口等沿线点位进行现场查看溯源，水环境监测海淀分中心工作人员分别现场取样，研析水质变差原因，确保东埠头沟水质长期稳定。

(3) 定期会商，对症处方。以日常监管问题为导向，以长系列水质监测结果为参考，视情况召开分区域、分流域会商研讨，不放过每个“散乱污”和错接混接，杜绝污染源入河。属地部门提出巡河线索和问题，职能部门协调管线养护单位、污水处理厂站运维单位等，必要时，现场执法处罚，提出切实可行的解决方案，结合区域开发建设计划，分步实施。

三、成效

通过各级河长及水务人的共同努力，如今的东埠头沟水清、草绿、鱼儿欢、鸟儿跃，吸引了不少摄影爱好者慕名而来。一条排洪沟，从默默无闻的荒凉之处一跃成为跻身北京生态新地标。2017 年，东埠头沟经过审核申报、群众投票、公示确认等环节，最终被评定为北京市优美河湖。

“水生态环境驾驶舱”助推河长制工作跨上新台阶——科技助力河湖管理精细化

海淀区水务局

亮点

2017年海淀区全面推进河长制工作，全面落实“三查”“三清”“三治”“三管”责任，解决河湖管理保护、水环境等问题。利用海淀科技优势，整合现有水务信息资源，搭建水务大脑平台，整合河湖及水利设施基础信息、断面水质监测、河湖问题上报处置和考核管理等多项功能。建设了“海淀区智慧河长信息管理平台”、“智慧水务”APP、“海淀区河湖水质监测”APP，通过系统随时监控河湖状况，对河湖进行动态管护。

一、案例背景

海淀区境内有河渠98条，总长度318.52km，湖泊10个，涉及沙河水库、城市河湖、京密引水渠、凉水河、清河5个流域。按照分级分段的原则共设立区、街镇、村三级河长130人，实现三级河长全覆盖。

自2017年全面推行河长制湖长制工作以来，海淀区坚持“节水优先、空间均衡、系统治理、两手发力”的治水思路，以创新、协调、绿色、开放、共享的新发展理念为指导，全面构建政府主导、属地负责、行业监管、专业管护、社会共治的河湖管理保护体系。我区积极开展各项工作，充分发挥制度优势，狠抓落实，充分利用科技优势，对河长制工作进行精细化管理，实现河道管护“看得见、反应快、抓得准、管得住”，使得海淀区河长制湖长制工作取得了显著成效，全区水生态环境质量得到明显提升。

二、主要做法或措施

我区充分利用科技优势，建设了“海淀区智慧河长信息管理平台”、“智慧水务”APP、“海淀区河湖水质监测”APP，通过系统随时监控河湖状况，对河湖进行动态管护，充分利用科技手段、“河长＋警长”机制持续强化部门联动，落实“街镇吹哨、部门报到”，对河长制工作进行精细化管理，实现河道管护“看得见、反应快、抓得准、管得住”。使用“海淀区河湖水质监测”APP，设置地表水水质监测点位129个，地下水管井水质监测点位23个和1个遥感水质监测点位，实时监测反馈河湖水质变化，督促各街镇找准问题，采取措施，推进辖区内河湖水质改善。

同时，我区将传统基建和新基建有效融合，汇聚一个资源共享的水务数据库。通过5G、云计算、区块链等技术对现有传感器、摄像头、控制间、闸坝控制器等进行升级改造，编制一张分布式处理、集群式指挥调度、统一基础资源，搭建一个上下衔接的指挥平台，实现对所有闸坝的集中管理和控制。整合信息化系统为水资源、水生态、水灾害、水工程、水行政“五个水”模块，从而实现一库一网一平台加五个业务模块为基础的水务大脑在生态环境建设中的应用。“水生态环境驾驶舱”是一个围绕河湖监管、水环境保护等问题，依托数据在线化、协同化、智能化的全新水环境管理平台，水环境监管者可以通过平台实时掌握一手资料，系统作出分析比较后提供科学精准决策和判断，工作流程为：水质“侦察兵”预警、平台分析派单、属地河长现场处置。

利用水生态环境驾驶舱，一旦发现问题，分布在各个河道监测断面和监测点的水质“侦察兵”第一时间将信息传输驾驶舱内，水务管理人员通过指挥中心的监控大屏或手机APP可实时掌握目标水域的水质信息与污染物排放情况。当实时监测站点报警形成水环境事件时，系统会自动推送至相应的属地河长，由河长现场核查，对事件进行处置，形成监—预警—事件—派发—处置全流程监管，确保件件有着落，事事有结果。

在我区主要河道上，一个个白色的圆盘漂浮在河面上，这个圆盘采用量子点光谱技术，对水质进行实时监测，每10分钟回传一次数据，形成

24 小时不间断的水质采集网，实现海淀区全境主要河流水质自动在线监测，实时监测水质基础数据，达到精准预警、快速处置的目标。监测系统报警后，根据现场点位进行现场查看，及时发现水体污染，做到及时处置，避免造成大范围的影响。

另外，水生态环境驾驶舱还融合了生态环境局的月度水质评价数据，以图表结合的形式呈现各水质断面的水质情况，反映整个海淀区地表水环境的水质状况及变化趋势。通过对比不同月度的水质评价指标，直观展示辖区内的水质改善情况。

河长工作履行情况的好坏也直接关系着水环境全面改善提升的效果。水生态环境驾驶舱还对河长工作开展分析和监督，收集和分析区、镇、村等各级河长的巡河里程、巡河轨迹、巡河率、发现问题、事件整改率等工作成效，通过各月度事件处理办结量、不同来源的事件处置率及不同的事件类型处置率三个统计维度，来反映水环境事件的处置情况，用数据确保河长工作达标，巩固治理成效。

三、成效

通过河长制各项工作推进落实，海淀区河湖整体水环境得到明显改善，南沙河断面水质年平均水质达到Ⅳ类，东埠头沟、圆明园湖、南沙河等被评为北京市优美河湖。

同时，海淀区河长制工作办公室在由水利部组织开展的全面推行河长制湖长制工作先进集体、先进个人评选表彰活动中荣获先进集体称号。

开展南沙河下游清淤治理奠基河长工作

海淀区水务局

亮点

2016 年前，南沙河下游主河道的防洪标准低，河槽常年淤积严重，导致河道行洪、泄洪能力不足，存在防洪安全隐患。为深入推进河长制工作，保障南沙河排水及汛期防汛需求，切实改善河流岸线环境面貌，提升河道生态环境，2016 年海淀区水务局全面对南沙河下游主河道进行清淤行动。本次治理范围从上庄闸下游到海淀与昌平区界，治理长度 5.52km，其中下游 2.7km 为界河段。主要治理包括河道土方开挖、回填，河道清淤，消毒菌剂投放，水生植物种植，浆砌石工程等工作内容。通过对河道清淤疏挖，可去除底泥污染，减少污染内源，提高南沙河水质，改善南沙河水环境及河道周边环境，恢复河道正常功能，提高河道的行洪能力，进一步保障南沙河主河道截污的治理效果。

一、案例背景

南沙河属温榆河水系，为温榆河上游一条主要支流，自西向东流经海淀、昌平两区。项目实施地点位于海淀上庄镇和西北旺镇地区的南沙河下游河段，该河段西起上庄新闸，东至海淀区与昌平区的分界线汇入沙河水库。河道长期未进行清淤治理，淤积较为严重，既影响河道的行洪，又影响河道周边的环境，同时淤泥中的有害物质逐步释放，对周边的生态系统也造成了影响。

根据区域规划，南沙河作为总体规划的轴线，地理位置相当重要，所以对周边环境要求较高，需要通过河道治理提高区域的防洪标准，保障河道内汛期安全度汛。

上庄新闸下游河段现状大部分为土渠梯形断面，河道堤深 4.0m 左右，上口宽 80.0～95.0m，边坡系数 2.5，河底宽 60～75m，行洪能力不足 10 年一遇洪水标准。

二、主要做法或措施

工程治理总体布置维持现状河道走势，主要工程包括河道清淤及防护工程、底质改良及微生物系统构建工程、沉水植被系统工程等。治理起点位于上庄闸下游，终点位于海淀—昌平区界，全长 5.52km。其中界河段长度为 2.7km，界河左岸为昌平，右岸为海淀。

（一）河道清淤及防护工程

河道断面维持现状梯形断面及现状上口宽度，以清淤为主。边坡系数 2.0～2.8，设计河底宽 60～75m，现状上口宽 82～105m。根据实测淤泥厚度，现状淤泥厚度 0.90～1.00m，设计清淤深度为 0.6～0.9m。常水位以下采用生态土石笼袋护砌，常水位以上采用植草护坡，河道转弯段进行护砌。

河道治理标准为 10 年一遇洪水不出主槽，20 年一遇不淹没河道两侧地面建筑。依据《堤防工程设计规范》（GB 50286—2013），堤防工程为 4 级，安全加高 0.75m。

（二）底质改良及微生物系统构建工程

采用专用底质改良剂，对河道底泥进行修复，为构建健康稳定水生态系统提供了一个良好的基础。适时适量地投加专有的水生态修复剂可以迅速地改善水体内的微生物环境，更有利于水生态系统的健康稳定。

（三）沉水植被系统工程

沉水植被覆盖面积一般不少于水面面积的 50%，才能达到生态平衡自净要求。同时考虑本系统对外来污水量的净化效力及景点的分布，各品种间混合搭配，没有严格分隔，以景观效果为主，逐步调整优化组合。并根据沉水植被的生态特性，将沉水植被分为冷季型沉水植被和暖季型沉水植被。

三、成效

（一）保障防洪安全

通过河道清淤疏挖，提高河道的行洪能力及防洪标准，保障河道两岸

周边人民群众生命财产安全。

（二）恢复河道生态功能

通过水生态系统修复技术，可以逐步恢复稳定的自然生态系统，提高生物的多样性，提高河道水体自净能力。通过以沉水植被栽植为主的水域生态构建技术，营造出从水岸到水底多层次的秀美景观，提供亲水、观水、戏水的和谐景观。

四、思考与启示

通过对河道清淤的治理，提高河道防洪排水功能，较大提升河道的日常管理和防汛抢险能力，同时为河道生态修复和风景景观功能实现奠定一定基础。对深入推进河长制工作，切实改善镇区河流岸线环境面貌，奠基河道管理工作。

丰台区

永定河晓月湖案例分析

丰台区河长制办公室

亮点

永定河治理前河段内基本为裸露地表及沙石坑，部分坑内回填有生活垃圾、建筑垃圾等，生态系统功能基本丧失。河水补给来源主要为上游排放的工业、民用污水经自然过滤后的再生水，河水输出形式以蒸发和渗透为主。通过晓月湖的建设，采取综合的工程措施及非工程措施，抑制扬尘，实现了治污蓄清，增加河道蓄水，形成了溪流，重现了“卢沟晓月”，实现了改善了河湖景观。

一、案例背景

永定河是海河水系最大的一条河流，流域总面积 4.7 万 km^2，北京境内流域面积约 $3200km^2$，占总流域面积的 6.7%。永定河全长 747km，其中北京段长约 170km，流经门头沟、石景山、丰台、大兴和房山五个区。平原城市段从三家店拦河闸至南六环路，长 37km，该段河道 20 世纪 80 年代后常年断流，扬沙严重，生态系统十分脆弱。

永定河丰台段全长 14.3km，属温带大陆性季风气候。地处永定河冲积扇上部，为平原河谷，两岸为广阔的一级阶地。地下水为潜水类型，主要含水层为卵砾石层。治理前河段内基本为裸露地表及沙石坑，部分坑内回填有生活垃圾、建筑垃圾等，生态系统功能基本丧失。河水补给来源主要为上游排放的工业、民用污水经自然过滤后的再生水，河水输出形式以蒸发和渗透为主。2019 年上半年，永定河进行了生态补水，上游来水源源不断地汇入晓月湖，为该片水域输送了大量“新鲜血液”。

二、主要做法或措施

晓月湖为“永定河绿色生态走廊建设工程”第一批实施项目，由丰台区水务局负责实施建设。建设范围为梅市口桥—卢沟桥橡胶坝河段。本工程通过采取综合的工程及非工程措施，抑制扬尘，治理河道长度 1.85km，河湖面积 66.19hm^2，其中堤内湖泊、溪流水系 56.92hm^2，滩地绿化修复 9.27hm^2。工程总投资 1.49 亿元，全部由市政府固定资产投资安排解决。工程于 2010 年 9 月 25 日进场开工，2011 年 6 月 30 日完成竣工验收工作，并于 2011 年 9 月 29 日正式向市民免费开放。

三、成效

治理后的晓月湖，通过改善河湖景观，恢复了燕京八景之一的“卢沟晓月”。重现“皓月、碧水、名桥、古城”的宁静和柔美，传承历史文化并赋予新的生机，形成了以西山为背景的湖光山色，水草交融、曲径通幽的湿地景观，打造成为具有赏河、眺山、戏水、休闲等多种功能的京郊休闲去处。

四、思考与启示

晓月湖治理实现了治污蓄清，增加了河道蓄水，形成了溪流，重现了“卢沟晓月”。重点区域和交通节点形成了水面，着重打造出以河道的生态湿地型湖泊为主体的城市生态水景观。使久居闹市的市民融入自然、享受自然。同时恢复了历史人文风貌，实现了科普教育、历史文化展示及旅游休憩等功能。作为拉动京西南区域经济的突破口，提升了沿河区域经济发展，真正实现了水的服务价值。

石景山区

“水岸活力森林”永定河莲石湖

石景山区河长制办公室

亮点

按照“以水带绿，以绿养水，重塑健康自然河湖，营造多样化水生态空间”的养护理念，遵循“修复—保护—巩固—提升”的做法，本着生态修复的原则进行维护和治理，使莲石湖水生态系统能够向良性循环持续发展。通过修复和维护莲石湖生态系统系列措施的实施，结合永定河生态补水工作，莲石湖水体水质于2020年逐步提升至Ⅲ类水体。

一、案例背景

永定河莲石湖为“永定河绿色生态发展带”首批建设的五项工程之一，于2010年至2021年由石景山区水务局组织建设完成。工程范围为麻峪至京原铁路桥段，河道长度5.8km，建设总面积226.0hm²，其中水面面积102.5hm²，绿化面积110.2hm²，配套基础设施面积13.3hm²。工程通过12座跌水形成连续的水面与溪流景观，打造莲石湖“直曲相融、开合有序、岛屿相间、流水有声”的总体湖泊形态格局；在110.2hm²的绿化面积上合理搭配着乔、灌、草及水生植物等，彻底还清河道、改善沿河环境、构建休闲设施，使永定河旧貌换新颜。

主景区“京华水韵”作为莲石湖的中心枢纽，主要表现了“山”“水”“莲”“石”四元素的相互交融。通过引水文化、防洪文化、植柳文化、治水工具及人物以及亲水平台等五部分，集中体现了永定河石景山段文化。其中，引水文化主要包括戾陵堰、车箱渠等景观；防洪文化景观有十八蹬古堤、如意湖（明清水系图）、莲花逐水等景观；植柳文化景观有堤柳文化、燕翅林；治水工具及人物景观有刘靖父子、石夯、石硪。

二、主要措施或做法

多年来，石景山区水务局致力于莲石湖的水生态环境构建和水环境保障工作。按照“以水带绿 以绿养水 重塑健康自然河湖 营造多样化水生态空间”的养护理念，遵循“修复—保护—巩固—提升”的做法，本着生态修复的原则进行维护和治理，使莲石湖水生态系统能够向良性循环持续发展。以莲石湖水生态建设长久健康发展为根本，以恢复完整的食物链及食物网为核心，采取的措施主要有以下几点。

一是整体水生植物的调控，包括对挺水植物、沉水植物、浮水植物以及湿生植物的合理搭配和种植。水生植物是湖泊生态系统中最主要的生产者和光能转化为有机能的实现者，能够显著地影响水中的溶解氧、pH、无机碳及藻类对 N、P 的利用率，同时对水生态系统的演替及水生动物群落的稳定都起着重要的作用。通过近几年的努力，莲石湖的水生植物累计人工种植超过了 10 万 m^2，基本达到了水生态健康的要求。加上自然生长的水生植物，每年维护面积超过 30 万 m^2。

二是对整体湖区生物种群的构建。对用于净化水体的鱼类、贝类、微生物等进行投放和接种。通过牧食浮游动物的鱼类来控制藻类生物量，提高水体透明度。鲢、鳙鱼可有效地摄取形成水华的群体蓝藻，充分运用生物的自然属性来净化水体。与此同时，采取安全的微生物制剂进行接种。从自然环境中，依据细菌的活性及持久性，特别筛选出菌株，并在发酵罐中大量生长收获，经检测纯度后制造成应用简便的产品。能迅速提高污染水体中的微生物浓度，可望在短期内提高污染物的生物降解速率，其生物反应条件温和，具有良好的生态安全性。

三是人工措施。近些年石景山区水务局对上游高井沟截污力度的加大，实现了零排污。养马场村排污口也设立了污水处理设施，杜绝了污水直排的问题。同时针对上游来水，我们设置了缓冲区，安装了太阳能水处理设备、生态浮床、微生物生态基等一系列净化措施，使上游污水进入莲石湖后能在缓冲区尽快净化。

四是依靠科研力量，形成合力。联合中国水科院，北京师范大学等科研院所在莲石湖进行了一系列的科研课题，每年投入十多人的专业团队和专业设备进行管理及维护，使莲石湖的水环境维护工作更加科学合理。

三、成效

通过修复和维护莲石湖生态系统系列措施的实施，结合永定河生态补水工作，莲石湖水体水质于2020年逐步提升至Ⅲ类水体。环境的改善更是吸引了大量的野生鸟类，每年都有数百只白鹭和野鸭等禽类在此栖息，包括水鹨、凤头鸊鷉、黑天鹅、白骨顶、星头啄木鸟、赤麻鸭、小鸊鷉、绿头鸭、小䴙、燕雀等，更是有国家一级保护动物、有着"鸟类大熊猫"之称的震旦雅雀栖息在莲石湖。

莲石湖不仅风景秀丽、文化丰富，更是市民娱乐健身的好去处。2020年，以北京冬奥会为契机，结合石景山区转型发展和新时代首都城市复兴新地标的打造等重点工作，按照市委书记调研石景山区提出的"加强永定河左岸综合治理与生态修复，建好北京冬奥公园"具体要求，石景山区水务局聚焦生态保障，以莲石湖为中心，打造北京冬奥公园，亮出西山永定河生态文化金名片，为市民创造更多休闲娱乐的滨水环境。北京冬奥公园系列工程通过对莲石湖湖区现有景观及设施进行改造提升，以一条马拉松跑道串联起沿线京华水韵、莲花逐水、莲湖秋月及花海香风等多个景观节点，旨在建设以生态修复、文化展示、观光游览、休闲娱乐等功能特色合一的永定河城市滨水生态画廊，使其成为具有生态活力滨水地区，致力于满足百姓心中对美好生活的向往。吸引游人驻足莲石湖畔，使游人感受到在大自然中的美好及惬意。

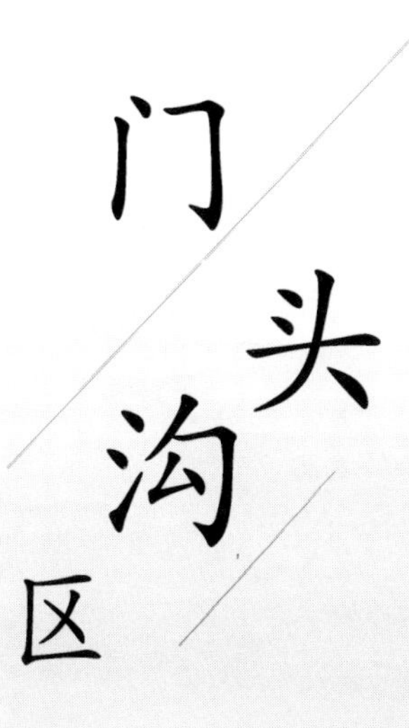

门头沟区

黑河沟优美河湖治理经验和做法

门头沟区河长制办公室

| 亮点 |

黑河沟是门头沟区的一条重要行洪河道。通过黑河沟水环境的治理，营造了水清、岸绿、安全、宜人的门头沟新城特色。大幅提升北京城市西部的品质和价值，合理引导城市西部的有序发展，有效控制城市开发建设的空间布局。以水和环境的营造带动了周边发展，提升了门头沟河道的品位，达到辐射周边的居民、办公用地的作用，并为门头沟新城公共绿化景观做好铺垫。

一、案例背景

黑河沟运送煤矿的历史源远流长，黑河沟的名字也因此而来。整个河道的景观设计便是以一条“采煤文化”廊道为主线索，讲述了煤炭起源的传说、煤炭的科学形成，以及现代社会中煤炭的作用，贯穿 3 个主景区和多个景观节点，汇聚成一个以历史、人文、民俗风情、自然风光为一体，突出“煤炭”为主题的精品河道景观。把沧桑的历史再现于河道的景观中，映现黑河沟两岸文化，使居民在休闲、亲水的过程中，加深对历史的了解和“采煤文化”的普及。同时植物上以春、夏、秋、冬四季，景点上以石、木、竹、泥等为辅线索，相互点缀呼应，取得浑然一体，精致典雅的效果。以水和环境的营造带动了周边发展，提升了门头沟河道的品位，达到辐射周边的居民、办公用地的作用，并为门头沟新城公共绿化景观做好铺垫。

二、主要做法和措施

黑河沟是门头沟区的一条重要行洪河道。该段河道原本断面宽浅，很多房屋沿河而建，侵占河道，河道过水能力低。又由于常年生活垃圾和生活污水进入河道，使河道整体环境差，与周边环境不相适应，严重制约该区域经济的发展。为提高流域范围的可居住性，提升门头沟的整体区域形象，避免排水不畅造成的重大经济损失，我区实施了黑河沟水环境整治工程。本着以人为本的治理原则，通过疏挖、扩宽河道，改建河道内坡脚处排污管道，提高黑河沟防洪排水能力，使其达到20年一遇洪水设计，50年一遇洪水不漫溢的防洪标准，有效保障河道周边人民生命财产的安全，减少因防洪救灾造成的社会资源损失。通过改建雨水口、新建钢坝闸、景观跌水、提水泵站、输水管线等绿化建设工程，使黑河沟实现绿化、美化，丰富两岸的景观，改变河道水质，改善水环境，增加生物多样性，恢复河道天然生态功能。还调节了局部小气候，为沿岸居民提供更多的休闲娱乐场所，提高其生活质量，对建设宜居城市、生态城市，提升城市品位与价值起到了积极推动的作用。

“采煤文化”是一种精神的延续，是门头沟文化的延续。黑河沟以“采煤文化”为背景，通过景观分区、栈桥、亲水平台、历史文物古迹，让人们可以在休闲娱乐的同时，感受城市，静享韵味。整体景观的设计，体现了以人为本、生态安全的主题。道路系统与河道相互联系，景观、植物、小品、铺装既给人们空间变化，同时又是河道系统的重要组成部分。人性化的设计，考虑城市道路因素、现状因素和社会因素等，达到了既能配合周边发展，又能为人的活动停留创造条件的绿色生态长廊，同时为发扬门头沟源远流长的“采煤文化”作出了贡献。

三、成效

门头沟区是北京西部生态涵养区的重要组成部分，是立足西部发展带，面向中心城、辐射山区的区域服务中心和宜居山城。通过黑河沟水环境的治理，一是营造了水清、岸绿、安全、宜人的门头沟新城特色。大幅提升北京城市西部的品质和价值，合理引导城市西部的有序发展，有效控制城市开发建设的空间布局。使门头沟区逐步成为生态文明、山清水秀的宜赏宜游之区。二是提高了黑河沟的防洪排水能力。通过疏挖河道，加固堤防等举措，使其达到20年一遇洪水设计，50年一遇洪水不漫溢的防洪标准，经受住了2012年“7·21”和2016年“7·20”的极端暴雨天气的考验，有效保障河道周边人民生命财产的安全。三是促进了周边地区的经济发展。通过改善黑河沟水环境及河道周边绿化，起到营造优美、静谧的自然风光，吸引大量的观光客，提升了沿岸土地的经济价值，利于人才、产业的集聚，增加了劳动力就业，提高居民的经济收入，对促进旅游资源的开发利用和经济发展起到了重大作用。

四、思考与启示

按照“创新、协调、绿色、开放、共享”的发展理念，加强水生态文明建设，充分发挥河湖景观的最大效益，黑河沟的管理采取了以下三方面举措：一是实行先进的管理理念。采用政府向社会购买服务的方式引入有资质、有能力、有经验的专业化公司团队，实现水面水体、边坡护岸绿化、水工设备设施的一体化管理。二是落实河湖管理的资金保障。根据河湖管护的工作计划，提出管护资金的实际需求，经财政部门审核后批复管护资金，完成了水域管理、绿化养护、钢坝闸、补水泵站及附属设施的综合管理，达到“五无、四净、水清、岸绿”的管护标准。三是高效完成河湖水环境的管护工作。根据市水务局的综合考核标准，制定了河湖景观管护标准和一系列的考核措施。做到了在体制上有机构、有人员、有责任主体，在机制上有资金保障、有管理办法、有标准、有考核，切实达到了分级落实、统一管理、管养分离、维养专业化的河湖管护标准，实现“水清、岸绿、安全、宜人”的优美水环境。

龙泉湾优美河湖治理经验和做法

门头沟区河长制办公室

亮点

龙泉湾位于永定河官厅山峡段下游，处于门头沟规划新城的北侧，贯穿新城北部城区，是山区与平原的过渡地带。为加强水生态文明建设，充分发挥河湖景观的最大效益，龙泉湾的管理采用先进的管理理念，落实河湖管理资金，高效完成河湖水环境的管护工作，实现“水清、岸绿、安全、宜人”的优美水环境。

一、案例背景

龙泉湾位于永定河官厅山峡段下游，由陈家庄、军庄、龙泉务至三家店水闸，全长5km，从北向南流经门头沟区，西侧坐落着被九龙山分隔南北的两个古村落：琉璃渠和龙泉务。因此该段河道命名为龙泉湾。地处太行山和燕山迎风山区交界处，大陆性气候明显，春季干旱多风，冬季寒冷干燥，无霜期200天左右，年平均气温11.7℃。周边有西六环、109国道及丰沙铁路，交通比较便利。

龙泉湾所在河道的地理位置十分重要，处于门头沟规划新城的北侧，贯穿新城北部城区，是山区与平原的过渡地带，是打造“秀水门城、百里画廊”实现门头沟新城规划的重要组成部分，是推进新城建设速度的重要因素，展示北京西部风貌的主要窗口。以溪流—湖泊—湿地连通的健康河流生态系统，形成了永定河山峡段源于自然、城市段融入自然、郊野段回归自然的空间景观布局。整体定位介于自然湿地与河道公园之间，打造以河道的生态湿地型水系为主体的城市生态水景观，使久居闹市的市民融入自然、享受自然。

二、主要做法和措施

为改善永定河生态环境，提高城市文化品位，提升区域经济价值，保护首都水源和建设首都西部生态屏障，我区实施了永定河龙泉湾水环境治理工程，使永定河山峡段尾部整体生态环境得到明显改善。工程建设情况主要有以下几个方面：一是生态恢复工程。通过滩地生态修复、生态覆土绿化，使河道内的自然植被得到恢复。二是河道蓄水工程。通过疏挖主河槽，新建景观滚水坝，生态改造堤防等工程，使其恢复河道功能，蓄水压尘，在不影响河道行洪、回补地下水的前提下，结合河道地形地势形成景观水面，并由溪流串联，实现河道内水绿相融的生态景观。三是绿化景观提升工程。通过新建景观设施、种植适宜的灌木、花卉及水生植物等，丰富两岸的景观，增加生物多样性，改善永定河整体水系环境。

三、成效

作为建设首都西部绿色屏障和推进“一城带四区”建设的重要战略举措，龙泉湾水环境治理以工程和生态综合治理为重要内容，实现了巨大的工程效益：一是防洪效益。通过治理河道、护滩工程的实施，提高了护滩处村庄和耕地的防洪标准，增加了河道的抗洪能力，避免了由于冲刷造成岸坡坍塌情况的发生，减少了水土流失，保护了村庄的防洪安全，给居民生命财产及正常的生产生活提供了安全保障。二是生态效益。通过两岸点源污染治理工程，有效地净化水质，达到了达标排放标准，为永定河作为北京市应急水源创造了条件。沿河绿化及景观建设，大大改善当地乃至周边地区的生态环境。营造了水清、岸绿、安全、宜人的景观，为人们提供了旅游和休闲度假的场所，在北京西部形成城市中心与外部联系的自然及半自然的生态廊道。三是环境和社会效益。通过改善河道及两岸的生态环境，提高了人民群众的生活质量，促进了当地旅游等生态产业的发展，推进了沿河周边建设及投资环境，为门头沟区社会、经济的发展创造了有利条件。

门城湖优美河湖治理经验和做法

门头沟区河长制办公室

丨亮点丨

门城湖工程是永定河绿色生态发展带项目之一，是山区河道向城市河道过渡的连接段。通过改善门城湖的生态景观环境，促进区域经济结构调整，带动区域旅游等产业发展，也为区域经济的合理布局确定了方向。大幅改善区域人居环境，为居民提供休闲娱乐场所，提高生活质量，满足人们日益增长的审美需求。为加强水生态文明建设，充分发挥河湖景观的最大效益，采用先进的管理理念，落实河湖管理资金，高效完成河湖水环境的管护工作，实现“水清、岸绿、安全、宜人”的优美水环境。

一、案例背景

北京人对永定河有着一种特殊的情感，因为永定河是北京的母亲河。历史上的永定河水质清澈，两岸植被繁茂，是京城的“生命水道”，水滋养了北京城，养育了北京人，孕育了北京深厚的文化底蕴和独特的人文资源。然而，20 世纪 80 年代以来，北京水资源紧缺，永定河有限的水资源几乎全部用于北京西部工业建设，使三家店以下河道断流、干涸。河道内历史原因形成了许多大大小小的沙坑。由于坑壁陡峭，植物无法生长，河床逐渐沙化，冬春季节，风沙弥漫。随着沿岸地区经济的发展，入河污水排入量逐年增多，河道污染日趋严重，永定河生态环境恶劣程度已到了无以复加的地步。

2009 年开始，北京启动了永定河治理，建设了永定河“五湖一线”工程。从门头沟到丰台，沿永定河建设了门城湖、莲石湖、晓月湖、宛平湖、园博湖等“五湖”；并沿河建设一条长约 20km 的再生水循环管线即

“一线”。管线连通沿线几座再生水厂，将再生水补充到河道中，并形成自体循环。通过治理，使永定河恢复水面 400hm^2，建成绿地 440hm^2，修复了部分河岸景观，燕京八景之一的“卢沟晓月”也得以重现。门城湖作为“五湖一线”的重要组成部分，在治理过程中也重现生机。

二、主要做法和措施

门城湖工程是山区河道向城市河道过渡的连接段。工程北起三家店水闸、南至麻峪村下游，全长 5.24km。工程主要建设内容为通过采取综合的工程及非工程措施，生态整治永定河主河道，由溪流串联湖泊和湿地，恢复生态多样性，改善河道景观，形成水面 70 万 m^2，滩地生态修复 81 万 m^2，堤防生态修复 9.74km，生态治理黑水河入河口段 600m，美化绿化 110 万 m^2。

门城湖建设跌水 12 座，通过跌水、橡胶坝形成连续的水面与溪流景观，形成“直曲相融、开合有序、岛屿相间、流水有声”的总体湖泊形态格局。

门城湖总体景观系统格局可以归纳为“一轴二环三水景”，一轴即以永定河为主体的水域景观空间带状轴，两环即交通游览环、绿环，三水景即亲水乐园休闲水景、健身运动水景区、湿地观光教育水景。

亲水乐园休闲水景区，湖底防渗采用复合土工膜，浅水湾及边坡附近采用复合土生态减渗措施。采用生态措施，变硬堤边坡为生态软边坡，并加以绿化，形成丛花飘带的绿化效果。健身运动水景区，河道采用复合土生态减渗措施。浅水湾及岸坡加以绿化，形成花海幽兰的绿化效果。湿地观光教育水景区，河道主槽底采用复合土工膜防渗措施，岸坡采用复合土生态减渗措施。在浅水湾种植芦苇等水生植物，形成苇荡迷津的绿化效果。

三、成效

通过本次工程，门城湖面貌焕然一新，碧波粼粼，环湖步道两侧鲜花盛开，郁郁葱葱，河湖美景与周边楼宇交相辉映，构成绿海家园的独特美景，既给门头沟增添了无限碧波美景，也满足了周边居民的休闲健身需求。门城湖建成后，主要实现水清、岸绿、安全、宜人的特色。我区也将逐步成为生态文明、山清水秀的宜赏宜游之区，大幅提升北京城市西部的品质和价值；合理引导城市西部的有序发展，有效控制城市开发建设的空间布局。门城湖通过险工段加固、堤防加高等工程措施，提高了永定河的防洪能力，减免洪灾损失，减免洪水对社会带来的严重影响和抢险救灾给社会正常生活和生产造成的影响，保护人民的生命财产安全，对维护社会稳定发展，对保持首都的国内、国际形象具有重要意义。2012 年“7·21”和 2016 年“7·20”的极端暴雨天气，门城湖均经受住了考验。通过改善门城湖的生态景观环境，促进区域经济结构调整，带动区域旅游等产业发展，也为区域经济的合理布局确定了方向。大幅改善区域人居环境，为居民提供休闲娱乐场所，提高生活质量，满足人们日益增长的审美需求。通过建设湖泊溪流，形成水景观，种植树木、花卉及水生植物等使河道沿线的景观具有整体性及完整性。形成流动的水，多树种、多层次、乔灌藤草相结合的较完整的区系植物群落，对于调节周边小气候，抵御风沙，改善空气质量，维护生物多样性等，有重要作用。

中门寺沟河湖治理经验和做法

门头沟区河长制办公室

亮点

中门寺沟作为门头沟区的一条重要的排水河道，随着河湖长制工作的推进，其在满足城市排水及防洪功能的同时，逐渐被打造为门头沟新城北部集生态宜居休闲带、绿色生态走廊、亲水休闲空间于一体的新城景观河道，在提升城市景观形象方面发挥了重要作用。

一、案例背景

门头沟区是首都“京西绿色生态走廊与城市西南生态屏障”，也是北京市重要供水水源河道和水源保护区。20 世纪 70 年代以来，由于北京市把永定河主要作为泄洪河道，一定程度忽视了其生态涵养和城市景观的作用。为改善生态环境，提高城市文化品位，提升区域经济价值，保护首都水源和建设首都西部生态屏障，我区实施了中门寺沟水环境治理提升工程，解决了中门寺沟以南地区污水排除问题，在下游进行蓄水，改善河道干涸问题，同时采取预处理及气浮措施，维持河道内再生水水质，形成生态水面，对改善门城区域形象，实现有限水资源的循环利用意义重大。使中门寺沟整体环境得到明显改善，使其恢复河道功能，蓄水压尘，在不影响河道行洪、回补地下水的前提下，在完成河道截污的同时，同步实施河道蓄水工程，并采取必要的处理措施，维持河道景观水质。

中门寺沟位于门头沟新城北部，起点自中门寺观景台，向东最终 进入永定河，北临门头沟，南临冯村沟，发源于龙泉镇赵家洼村西，向东北方向流经中门寺、坡头，于峪园附近折向东南，穿过新桥南大街、滨河路、六环路，最后汇入永定河，流域面积为 9.64km^2，河长 8.29km。河道主要穿越密集的居住区，是新城中集防洪、排水、景观于一体的重要河道，地理位置作用明显。2010 年门头沟区启动中门寺沟葡萄嘴至入永定河治理工程，治理后防洪标准基本达到 20 年一遇洪水，局部河道 50 年一遇洪水不满溢。

中门寺沟所在的门头沟新城属中纬度大陆性季风气候型，春季干旱多风，夏季炎热多雨，秋季凉爽湿润，冬季寒冷干燥。该地区多年平均降水量约为 500mm。为解决中门寺沟流域内的全部污水出路问题，同时考虑部分初期雨水对河道水质的影响并截流、处理，打通了门城地区通向新建污水处理厂的最重要的一条污水主干线路，对今后完善门城地区的污水管网具有重要意义。

二、主要做法和措施

2010 年门头沟区实施了中门寺沟环境整治工程，对河道进行了防渗护砌和绿化等工作，但对部分雨污合流水及无排水出路的生活污水，仅在雨水管（涵）上修建截流槽、截流堰作为临时措施，并未从根本上解决污水入河问题，在降雨时，平时暂存于截流槽内的污水随雨水流入河道。近年来，中门寺沟河道水质逐年恶化，藻类大面积生长，同时部分河段长期干涸、缺乏流动性，恶劣的水环境，不仅降低了城区的可居住性，也给周边居民、在校师生的健康带来极大的负面影响。在中门寺沟环境整治工程基本完成并收获一定成效的基础上，应维护已建工程对于水质及环境改善的作用，同时进一步完善其功能，使整治工程效应发挥最大化。

河道内蓄水后，若不采取措施，河道水质极易变坏，尤其是夏季，水温较高，容易暴发蓝藻，水体发出腥臭气味，影响周边环境。为防止河道水质变坏，本工程设气浮装置系统一套。气浮系统包括接触区、分离区、溶气系统、溶气水释放装置、刮渣装置、清水收集装置、电控柜等部件。原水经加压后，通过管道进入气浮装置接触区。溶气水在回流水泵的作用下，进入气浮装置接触区，通过释放装置的快速减压释放，与原水充分混合形成“泡絮体”流入分离区。在浮力的作用下，“泡絮体”上升至水面形成浮渣完成固液分离。浮渣由刮渣装置刮至污泥区收集后外排。处理后的清水通过气浮池底部的收集水管自流至清水区，接入循环管道后，依靠重力流至上游滨河路段。

中门寺沟沿线有多个居民区、学校、商贸区等，这些地点不可避免地会对河道水体造成一定程度污染，河道内可能出现树叶、树枝、塑料袋等大块漂浮物。为保证气浮处理系统的正常运行，保证进水水质，本项目在气浮装置前设格栅间一道，用于去除水体中的漂浮物，经格栅过滤后的水体再由水泵提升至气浮装置处。为最大限度对水体进行循环，减少外排水量，本项目在格栅间旁设浮渣收集水池一座，气浮装置处产生的浮渣水先排放至收集水池，经沉淀后，清水回流至格栅间进行循环利用，上部浮渣及底部泥沙经泵车收集后，输送至附近污水处理厂。

三、成效

通过治理，河道两岸已建立人行步道、护栏及休息长廊，便于市民开展亲水活动，享受河湖带来的居住环境的改善。并且通过河长制工作的开展，进一步维护了中门寺沟的生态环境，将中门寺沟逐渐打造成“水清、岸绿、生态、休闲”为一体的生态景观河道。结合沟道周边的改造及建设，最终将中门寺沟打造成门头沟新城北部集生态宜居休闲带、绿色生态走廊、亲水休闲空间于一体的新城景观河道。

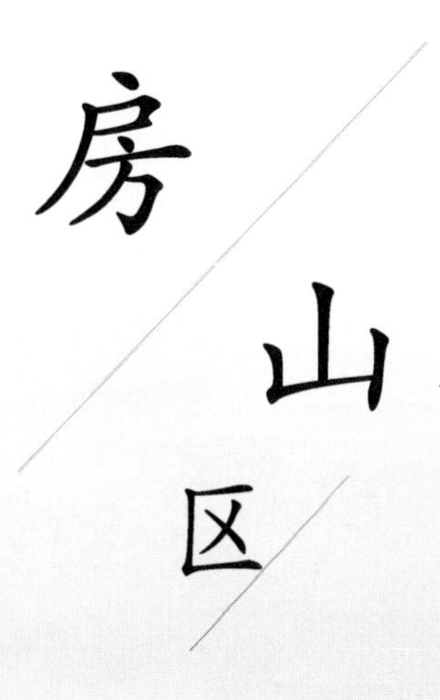
房山区

房山区河长制2017—2020年经验做法

房山区河长制办公室

亮点

自2017年房山区全面推行河长制工作以来，按照流域和党政通则属地划分，构建了河长制管理体系，形成了闭环工作机制，并在实践中不断完善河长制工作机制。通过控源截污、实施河道断面监测及区域补偿、常态化开展“清四乱”“清管”等专项行动、坚持“河长+检警长”工作理念、逐步实施水生态修复、划定河湖管理保护范围、稳步推进河湖岸线空间开放共享、签发第一号河长令等措施，实现了房山区河道水质改善明显，多条河段获得了北京市优美河湖的称号，生物多样性显著增加，实现了“水清、岸绿、安全、宜人”的目标。

一、案例背景

（一）高位推动 治水机制初步建立（2017年）

2017年，房山区按照流域和党政同责属地划分，构建了区—乡镇（街道)—村三级河长管理体系，探索形成“巡查—整改—通报”闭环工作机制，由区政府副区长担任河长办主任，定期召开河长调度会议，牵头协调各职能部门。区内59条河道、沟道按照乡镇、村庄逐段划分，点对点，段对段责成专人进行巡视，建立问题台账，为精准化治水、管水提供最一线的数据支撑，以点突破，以点带面，点面结合，稳步提升水环境。同时针对出现的问题下发督察整改单进行督办，将工作扎扎实实地落在细处。

（二）创新机制 治水新格局形成（2018—2020年）

房山区在实践中不断完善“河长制”工作机制。始终坚持创新“河长

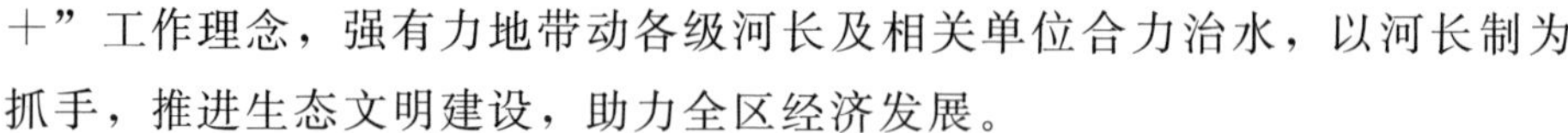

十”工作理念，强有力地带动各级河长及相关单位合力治水，以河长制为抓手，推进生态文明建设，助力全区经济发展。

（1）编织河长制事务“一张网”。在各级河长的基础上，组建“河长事务联络员、河湖岸线巡视员、环保水务等专业技术员”的“一长三员”队伍，确立河长信息联络员，专业技术辅助员，乡镇（街道）设立镇级河湖岸线巡视员，村级河湖岸线巡视员。组成了信息联络、巡查督导、技术服务为一体的河长制事务网。

（2）建立月报年考“两张表”。倒逼河长履职，每月底，各街道（乡镇）、环保、水务等相关成员单位向区河长办报告河长制工作进展情况、存在问题及工作建议，形成河湖水环境综合信息表进行通报。年底，根据全区水环境发展及分布实际，针对平原丘陵乡镇与山区乡镇工作特点分别进行考核，采用季度专项指标考核与年终成效考评相结合的方式，对全区各乡镇河长制工作成效进行打分测评并奖励优秀。

（3）实施动态台账“一本账”。编辑《河长制工作手册》，主要包含河长制工作方案、三级河长名录、区级河流基本情况、各级河长名录等内容，便于各级河长及河长制工作人员查阅了解我区河长制基本情况、职责及 59 条河道基础数据。此外，还将逐步在手册当中加入河长制问题清单，使各级河长对治水责任范围、目标、任务等一目了然，为各级河长参考解决水环境相关问题提供服务。

（4）监督水环境治理全过程“一平台”。全面升级“房山河长 APP”，实现发现河湖水环境问题快速反应、及时处置、全覆盖的长效机制，对各乡镇及街道开展系统的水环境问题排查。始终坚持“河长＋大数据”，依托“北京河长 APP”，利用多种信息手段实现网格精细管理，为各级河长有针对性地开展河湖管护工作提供重要依据，成为河长制从“有名”到“有实”转变的重要抓手。

（5）始终坚持“河长＋红领巾”工作理念。整合多方资源形成宣传合力，充分利用“世界水日”“中国水周”“世界环境日”等契机开展河长制“四进”活动；创新活动形式丰富宣传内容，启动“河长＋红领巾”活动，进一步引导青少年参与护水治河，以“一名红领巾”引领“一户家庭”的形式，不断激发“人人是河长 全民来治水”的责任意识和参与意识。

二、主要做法和措施

（一）控源截污

通过实施污水处理厂、再生水厂、农村污水设施及配套管线建设，黑臭水体治理，河湖水生态环境修复等措施。房山区的污水处理率从2016年的80.52%，增长到2021年的90.71%，增长10.19个百分点，年污水处理量增加1466万t。结合农村人居环境整治、美丽乡村建设工作开展小微水体治理。通过全面摸排区内小微水体，建立台账，截至2021年通过三年的不懈努力完成了90处小微水体治理工作。

（二）实施河道断面监测及区域补偿

在全区设置乡镇（街道）考核断面28个，每月进行监测；做好重点流域监测，设置大石河监测断面52个，每周进行监测。推进“污染源—入河排口—地表水”管理系统建设，做好重点流域、排口自动在线监测。按照“谁污染、谁治理”“谁污染、谁补偿”的原则，于2016年印发了《房山区水环境区域补偿办法（试行）》（房政发〔2016〕48号），自2017年1月1日开始实施。以跨乡镇（街道）水体为重点，每月两次对61个跨界断面开展监测并核算补偿金。随着近年来水环境质量的不断改善，我区乡镇（街道）级跨界断面补偿金额大幅下降，2020年，各乡镇（街道）共缴纳跨界断面区域补偿金1363万元，较2017年、2018年、2019年分别下降76%、34%和12%，通过经济手段，在上下游乡镇（街道）形成了齐抓共管的工作格局。

（三）开展常态化“清四乱”“清管”等专项行动

针对沿河查找污水直排、水体黑臭、垃圾乱堆乱倒、水面漂浮物等问题并及时整改，河湖面貌持续改善。全面推行河长制以来，各级河长积极履职河长累计巡河为12万余人次。全区综合巡河率稳定达到100%。全区发现河湖水环境问题并整改4982余件。完成永定河房山段172万m^3建筑垃圾堆体清除工作。

2019—2020年首次实施“清管行动”，清理雨水管线129km，雨污合流管涵36km，雨水箅子10145处、检查井7716处、截流井27处、入河口66处，清理垃圾污染物1165t。推进雨污混接点改造治理工作，及时清理漂浮物等垃圾，确保入河口周边水环境整洁。

（四）始终坚持“河长+检警长”工作理念

有效运用司法手段，加强河湖管理与司法保护的协作，充分落实“总河长令”，加强涉水执法的力度，开展河湖“清四乱”公益诉讼专项行动。坚持水环境质量底线和水资源利用上线，严格审批程序，严厉打击违法取水行为，对偷排污水行为进行溯源，加强对水库及水源地保护范围的巡查管护，杜绝面源污染。建立“涉水案件线索移交”机制，区河长办将涉水违法案件移送相关执法部门监管处置。针对水环境违法行为情节严重的，联合公安、环保、城管、乡镇等相关单位，开展河湖专项执法，加大对涉水事件的执法和打击力度，实现涉水联合执法全覆盖。建立“跨界河长”机制，对跨区、跨省水环境问题实施“联防 联控 联治”，确保我区水环境及水源地水质安全。截至 2019 年底，水政完成巡查 14300 次，出动人员 40300 人次，下责令通知 845 份，下发改正通知 856 份，清障通知 994 份，与乡镇及各部门联合 100 次，立案 435 起，罚款约 666 万元 。

（五）逐步实施水生态修复

1. 强化水资源保护，有效保障水源安全。以生态小流域治理为单元，以源头保水为重点，构筑“生态修复、生态治理、生态保护”三道防线，实现污水、垃圾、厕所、河道、环境五同步治理。“十三五”期间，建设高庄、三座庵、森水、平峪、曹章等 19 条生态清洁小流域，治理面积为 $218km^2$，实现“十三五”规划目标；注重水资源源头保护，完成磁家务、娄子水及张坊（应急备用）等 9 处集中式饮用水水源地保护区范围划定并获得市政府批复；实施地下水保护与污染防控，封填 395 眼废弃机井，有效保障地下水资源安全。

2. 实施河道水环境综合治理修复水生态。实施大石河水环境综合治理 PPP 工程，增加河道生态补水。完成拒马河向大石河下游生态扩容补水工程，每月定期生态补水；完成大石河断面治理（一期）工程，实现旁路引水 3 万吨/日；建设琉璃河湿地公园。地表水水体水质达到或优于Ⅲ类比例由 2015 年的 18.2%升高到 2019 年的 24%，完成保持稳定的目标。

（六）完成河湖管理保护范围划定工作

根据北京市总河长令工作要点，我区在 2020 年年底完成区管河湖管理保护范围矢量化划线落图工作。进一步明确河湖管理边界线，为河湖问题认定整改、水域岸线开发利用提供了依据。

（七）稳步推进河湖岸线空间开放共享

不断挖掘沿河滨水空间，助力城市慢行系统建设。先后建成滨水森林公园、大石河温馨公园、夕阳红公园、红领巾公园，采取打通断点、设置跨河便民桥、完善标识等措施，建成2条段约25km城市滨水慢行通道。在风景好、亲水性佳、水质条件较好的区域，开设河道垂钓区。

（八）签发第一号河长令，拉开了房山区治水工作新的篇章

2021年房山区总河长签发第一号河长令，拉开了房山区治水工作新的篇章，房山区结合水环境治理实际情况明确每年的治水责任清单的工作目标。

由房山区河长办牵头与各责任部门共同研究，为了工作任务有效推进及落实，根据全区各部门、各乡镇职责，对各项任务进行了步骤分解，明确牵头单位、责任单位、配合单位及完成时限。通过各相关单位、各乡镇街道意见建议征求、汇总意见、修改意见、提请总河长审阅等一系列等动作，最终由区总河长签发"房山区总河长令"，全区自上而下将责任层层压实，将逐一落实任务清单项目，强化组织实施，实行项目化、清单化管理，明确责任分工和计划安排。坚持以流域为体系、网格为单元，以断面水质达标为牵引，一手抓控源，一手抓截污，努力实现"河畅、水清、堤固、岸绿、景美"的水环境治理目标，提升人民群众安全感、幸福感、获得感。

通过新建污水收集管线、改造雨污合流管网、升级改造污水处理厂、新建农村生活污水收集处理设施等工程措施提升污水处理能力。对未治理的小微水体明确责任人、治理目标、完成时限，以清单管理模式横向监督治理进度。对已完成治理小微水体的水环境指标、水质指标及管护工作进行标准化规范。采取一断面一措施，通过两级河长＋技术河长河的管理机制，分区域分权属，层层落实职责，对水质不稳定的断面进行追根溯源，逐步消除劣Ⅴ类水体。深入推进河湖"清四乱"常态化规范化，全面推进整治历史遗留的涉河建设问题，坚决做到新增问题动态清零，存量问题逐年整治，依法依规彻底清理河湖乱象。2021年房山区通过签发总河长令，完成治水任务19项，治水成效大大提升。不仅确保了6个国市考断面稳定达标，水环境区域补偿金下降为零，3个劣Ⅴ类水体全部消除，区内龙泉湖、崇青水库获得北京市优美河湖称号。通过当年的民意调查数据显

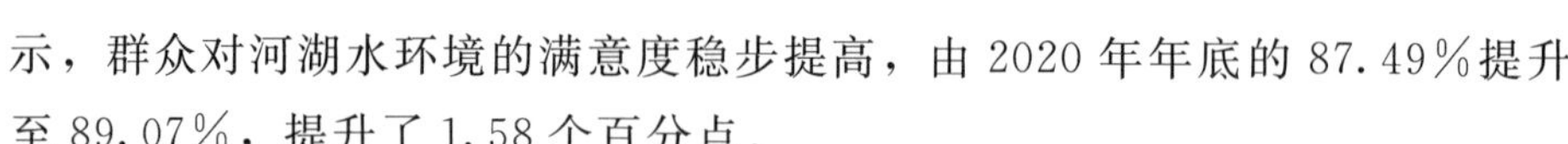

示，群众对河湖水环境的满意度稳步提高，由2020年年底的87.49%提升至89.07%，提升了1.58个百分点。

三、取得成效

一是水质改善明显。全区8条段共55.6km黑臭水体治理任务全部完成并通过国家督查验收。到2020年全区三个国考、市考断面实现稳定达标，拒马河稳定保持在Ⅱ类水体标准，小清河提升至Ⅲ类水体标准，大石河提升至Ⅳ类水体标准。房山区市级跨区断面水质逐年变好，水环境区域补偿逐年下降，截至2021年已经连续两年为零。

二是多条河流获得美誉。推进相关河段示范河湖建设工作，为河湖治理及河湖管护长效机制提供样板；“十三五”期间，房山区先后有刺猬河、小清河、大石河、拒马河、哑叭河、崇青水库、龙泉湖7处河湖获得北京市优美河湖称号。

三是生物多样性增加。近几年，有热心市民和巡河工作人员发现，在大石河红领巾公园波光粼粼的水面上，出现了有着“鸟中大熊猫”之称的青头潜鸭，据动物保护协会的工作人员介绍，青头潜鸭为珍稀濒危鸟类，目前全球仅存约500只，随时面临灭绝的危险。2000年8月1日被国家林业局列入《国家保护的有益的或者有重要经济、科学研究价值的陆生野生动物名录》，2013年被《世界自然保护联盟》濒危物种红色名录列为“极危”等级。青头潜鸭对栖息环境的要求非常高，堪称环境质量好坏的“指标物种”。青头潜鸭在房山区大石河滨水公园的出现，说明当地河湖中有丰富的食物资源，清澈、干净、宽阔的水域，茂密的水生植物提供了安全的休憩环境。

近年来，房山区通过河长制的统筹，属地相关部门全部拧成一股绳，使河湖水面逐步扩大，水质逐年向好，水生植物繁茂，水生态渐显生机，为候鸟休憩栖息及停留觅食，提供了舒适的“绿色家园”。自2017年至今，已有青头潜鸭、银鸥、天鹅、环颈雉、长嘴剑鸻、山斑鸠等70余种鸟类来做客。

房山区河长制2021年工作经验

房山区河长制办公室

亮点

2021年房山区深入贯彻落实中央和市委、市政府关于河长制工作的一系列重要决策部署，坚持生态为基，整治为先，全力推进绿色发展的理念，不断加强水生态文明建设，开创了河湖管理保护工作的新局面。通过健全完善工作机制、补齐治污设施短板、深入推进源头治理等措施，不断完善治水机制，持续强化“三清、三查”，突出强化“三治、三管”，扎实推进河长制工作向纵深发展。

一、案例背景

2021年，在市委、市政府的坚强领导下，房山区深入贯彻落实中央和市委、市政府关于河长制工作的一系列重要决策部署，坚持生态为基，整治为先，全力推进绿色发展的理念，不断加强水生态文明建设，开创了河湖管理保护工作的新局面。一年来，房山区进一步健全工作机制，补齐治污短板，推进源头治理，加大宣传力度，确保了国家地表水考核断面稳定达标，水环境区域补偿金下降为零，3个劣Ⅴ类水体全部消除，刺猬河、拒马河等7条河流先后被评为北京市优美河湖称号。

二、主要做法和措施

（1）健全完善工作机制，河长制效能持续提升。在不断完善通报、考核、奖补等管理机制的基础上，牢固树立“一盘棋”思想，统筹调度成员单位，压实各级河长履职尽责。一是联合考核督查，组织生态环境、农业农村、城市管理等主要涉及环境的成员单位对各乡镇河长制工作开展情况进行综合考评，并将考评结果全区通报。二是开展联合执法，组织水务、生态环境、城管执法、农业农村、公安等成员单位及属地政府开展联合执法，对河湖管护范围存在的露天烧烤、河道经营、非法捕鱼、非法排污、乱倒垃圾等行为及时制止，截至2021年10月执法检查30091次，发现并处理问题389件，罚款315余万元。三是督导责任落实，采取河湖重大问题挂账督办、日常问题不定期督导相结合的方式，倒逼基层河长主动履职，截至2021年10月，区级河长巡河84人次，镇村级河长巡河29260余人次，综合巡河率100%，发现并整改问题5994件。四是抓好水域岸线管控，完成58条区管河流沟道及8座水库管理保护范围划定，并在房山区人民政府网站完成公示；编制完成房山区16条河道、2座水库的水生态空间划定及管控规划报告，并报送市水务局审查。

（2）补齐治污设施短板，河湖治理水平持续提高。坚决打赢“碧水攻坚战”，多措并举治污净水。一是加强污水处理厂（站）监管，保证污水处理设施稳定运行，确保水质达标排放，污水处理率达到90.3%，圆满完成市级目标任务。二是抓好农村污水治理，完成18个村污水治理工程建设，新建污水收集管线348km，新改建污水处理站54座，农村污水处理设施覆盖率达到46.4%。三是推进入河排污口管理，全面开展入河排口排查整治工作，对符合采样条件的有水排口完成了水质检测，对除城市雨洪外的排口完成了污染溯源，目前超额完成了市级要求的70%入河排口的整治任务。四是健全水环境监管体系，实施“28+61”高密度、高频次监测，28个乡镇考核断面实行月监测评价，61个跨界补偿断面实行半月监测评价，及时掌握河道水质变化；加强河道全链条精细化管理，在重点流域、入河排口安装自动监测设备39台，通过科技手段，提升监管水平。

（3）深入推进源头治理，河湖生态环境持续向好。坚持生态为基，源头治理，深入推进河长制的落实与问效。一是抓好“清四乱”常态化整治，以清存量遏增量为重点，开展河湖“清四乱”常态化规范化自查自纠，截至2021年10月，排查并整改水环境问题1028件，实现动态清零。二是推进小微水体治理，全区摸排问题小微水体90条，结合疏解整治促提升、农村人居环境整治、美丽乡村建设等工作，制定了三年治理计划（2019—2021年），截至2021年10月完成87条，剩余3条已基本完成。三是加强垃圾源头管控，扩大生活垃圾分类制度覆盖范围，完善分类投放、分类收集、分类运输、分类处理的垃圾处理系统，采取定期检查与不定期抽查的方式监督各乡镇（街道）生活垃圾收集、运输和处理等工作，做到源头规范，严格管理。四是强化农业面源污染治理，开展河道内养殖行为排查，2021 年未发现河道内存在养殖场，做好有机肥应用、农药减量、畜禽养殖场粪污治理及资源化利用等工作，减少水环境安全隐患。五是开展永定河清理整治，房山区共涉及垃圾渣土、违建、大棚等五类 43 项问题，实施分类分区分期综合治理。今年需完成整治内容 31 项，除 2 项申请保留外，已基本完成。

（4）加大宣传引导力度，河湖共治氛围持续升温。多措并举畅通河长制工作宣传渠道，营造全区上下关心、支持、参与和监督河湖管理保护的良好氛围。一是做好“四进”宣传活动，按照疫情常态化要求，开展河长制进校园、进社区、进企业、进村庄活动，2021 年累计开展宣传活动 50 余次，发放宣传品 6000 余份。二是引导市民文明安全游河，聚焦热点河湖，精准发力，扎实做好引导市民安全文明游河工作，今年累计出动人员 9700 余人次，劝阻不文明行为 2500 余起。三是携手公众参与河湖治理，开展“争当护河卫士”“人人是河长”“市民河长”等志愿者活动，让更多的人积极投身保护家乡河湖，提升了“爱河、护河、管河”的全民意识。四是开展河湖水环境满意度调查，并将群众满意度结果纳入各乡镇（街道）河长制年度考核，检验工作实效。民意调查数据显示，群众对河湖水环境的满意度稳步提高，由 2020 年年底的 87.49%提升至 89.07%，提升了 1.58 个百分点。

三、成效

（1）以“数”之名，科学管理做“加法”。依托“北京河长”APP，率先将河长自主巡河、市区级监督及公众举报等发现的水环境问题全部纳入平台统一管理，完善“移动巡查、公众监督、端管理”功能，实现网格精细管理、快速联动处置、精准数据分析，不断提升了河湖信息化监管水平。

（2）以“统”为要，跨界河流做“乘法”。坚持跨界河流统筹协调管理，率先建立“跨界河长”联络机制，加强联防联控，实现共享共治。今年，村级河长巡河发现涿州市三利中和城小区污水直排我区夹括河，直接威胁市级断面考核。区河长办立即启动“跨界河长”机制，两地水务、环保现场办公，协调解决了污水直排问题，实现了“首都圈”水环境安全一体化。

（3）以“考”为绳，成员单位“量化赋分”。在全市范围内率先实行联合考核督查，组织涉及环境的成员单位对各乡镇河长履职、河湖生态、市容环境、农业面源污染防治、断面达标等方面开展季度考评和年度考核，察访核验，量化赋分。

四、思考与启示

2022年，将按照河长制“着力实现全面强化、标本兼治、打造幸福河湖”的3.0版工作目标，不断完善治水机制，持续强化“三清、三查”，突出强化“三治、三管”，扎实推动河长制工作向纵深发展。

（1）持续推进“河长制＋大数据”工作理念。一是升级APP，将责任主体下沉到村一级，辅助河长主动发现辖区内问题，也便于乡镇对事件多发地进行重点管理。二是开展“云”培训，结合疫情常态化，利用新媒体定期组织各级河长及管水员进行业务培训。

（2）常态化开展“清四乱”。结合河湖“四乱”问题存在的季节性差异特点进行科学谋划，提前部署，紧盯热点地区、热点问题，发现问题，立行立改，动态清零。

（3）加强小微水体管护。建立小微水体长效管护制度，加大对整治完成小微水体的日常监督，如出现问题反弹情况及时进行整治，确保符合“五无”标准。

（4）全力攻坚永定河清理整治工作。精准研究政策法规，严格按照方案的工作安排、时间节点开展工作，确保圆满完成整治任务。同时，坚持举一反三、标本兼治，严格禁止新增违法违规行为。

崇青水库治理经验

房山区河长制办公室

亮点

崇青水库是房山区重要的水利工程，总水面面积6000亩，是集防洪、除涝、灌溉为一体的水库。为确保需水量，水库建设有漫水河引渠引蓄大石河径流及京燕引水管线引蓄拒马河水源。2015年通过对库区封闭管理、大坝加固及岸线整理、生态绿化及水源保护、设置环境照明设施等措施，为游客及附近居民创造了健康良好的环境，成为房山的一张亮丽名片。通过全面落实河长制的工作，建立"一长三员多段"巡查和管理机制，推行"两级河长＋技术河长"工作模式以及探索"河长＋警长＋检长"执法方式，有效地保护了水库的水源安全及稳定。

一、案例背景

崇青水库位于京郊房山区境内青龙湖镇，属中型水库，是京城近郊的"一盆清水"。崇青水库总蓄水量2590万m^3，水面6000亩，相当于颐和园、玉渊潭、北海及中南海等水体水面的总和，被称为"北京的小海滨"。建库目的是防洪、除涝、灌溉。

为了更好地提升空气质量和水库生态环境，周边建成了水岸湿地公园和万亩森林公园，周边环境得到了很大的改观，高大林木和低矮植被种满了山地，林木覆盖率极高，形成了天然氧吧。水库生物种类众多，水中成群的野鸭和水鸟长期栖息在这里，到了春暖花开的季节还有珍贵的白天鹅前来歇息，水中芦苇成片，微风吹起如麦浪一般摇曳，水中的植被有千屈菜，开着的小黄花就像黄金和鳞片；还有绿色的菖蒲郁郁葱葱，荷花在水中就像花仙子伫立在荷叶中！这里的植物有白皮松、华山松、油松、元宝枫、栾树、杨树、柳树、槐树、银杏等，都对库区周边水生态环境起到了重大作用。

库中鱼类种类繁多，有鲫鱼、鲤鱼、草鱼、鲢鱼、鲶鱼、黑鱼、鳜鱼、白条、青鱼等，利用其滤食藻类的特性，清除水中的氮、磷元素，以生物治理方式净化水质，实现生态良性循环和环境平衡，达到以鱼净水、生态治水的效果。

二、主要做法或措施

房山区崇青水库大坝加固及生态环境工程自 2015 年 10 月正式开工，2016 年 9 月 25 日工程实体完工，工程位于崇青水库管理范围线以内，项目总用地面积 61.7hm^2，其中水库西侧区域面积 54.85hm^2，大坝区域面积 6.85hm^2。2016 年建设 54.85hm^2 的青龙湖水岸湿地公园。现水域面积 2.45km^2，坝顶道路加宽 6.0m，总长 3.2km。为保障蓄水量，建设有漫水河引渠引蓄大石河径流、京燕引水管线引蓄拒马河水源。主要建筑四座主坝分别是：崇各庄主坝、崇各庄副坝、青龙头主坝、青龙头副坝。在崇青水库西北侧沿湖岸线建设有长 8km 的有氧健康步道，给游客和附近居民创造了良好的健身环境。

(1) 大坝加固及湖岸线整理工程：大坝坝顶路面、连接线道路新建 3.2km；3 座大坝外坡修整后采用坡改平植草护坡砖护砌，并设坡面排水系统，对水库西侧 8km 的湖岸线进行整理等。

(2) 库区封闭管理工程：对水库进行封闭管理设计，共新建、改建围网 6.7km，设置防汛道路 5.81km，人行道路 4.05km；在水库主要建筑物及库区周边设置 24 处视频监控点和 23 处广播点等。

(3) 生态绿化及水源保护工程：占地 54.85hm^2，栽植常绿针叶乔木 386 株，落叶乔木 4293 株，落叶灌木 62199 株，攀缘类植物 13746 株，草坪及水生、地被类植物 14.2 万 m^2。

(4) 环境照明工程：水库西侧防汛及巡查道路设置照明路灯 546 盏，大坝区域照明设置路灯 72 盏。

三、成效

(一) 河湖特色景观

随着近些年的生态环境建设与河湖长制工作的推进，库区形成了河湖特色景观。库区倚丘陵山地，面向平原，岸线曲折，多支沟，既有开阔的主体水面，又有相对封闭的幽静的小水面，成为不同旅游功能区的天然围屏。库区内自然资源丰富，景观优美，土壤肥沃，物产丰饶。分为南库和北库两个库区，库区内动植物种类繁多，尤以国家一级保护动物白天鹅闻名。到了春季成群结队的白天鹅在此停留休憩，候鸟成群，野鸭和鸳鸯更是这里的常客，它们有时在水中栖息玩耍，有时在浅滩静立，让人倍感欢喜，为湖水平添了一派生机；夏季的库区景色美不胜收，林木绿地郁郁葱葱，百花齐放，水面湖光山色，海天一线，远山近丘与碧水清波遥相呼应，交错成景，湖岸四周或成片的油松林或杨柳依依，加之空气清新，给人幽远、恬静的感觉；秋天的水库更美了，秋风扫过，树冠摇曳，灿灿的叶儿盘旋着落地，地上顿时有了一地“碎金”，水面上时不时漂着几片落叶，时不时也会看到鱼儿从水面翻身一跃感受秋的韵味；冬天一到，雪花一飘，水库就成了粉妆玉砌的世界，偌大的水库忽然间由万顷碧波变成了一面大镜子，冰面又光又滑。

（二）河湖治理成果

自全面推行河湖长制以来，河湖环境明显改善。在 2016 年库区西岸建设了占地面积 54.85hm^2 青龙湖水岸湿地公园，陆域绿化面积达到了 80%以上。有效地改善了生态环境，通过工程建设将大坝路面加宽到 6m，总长 3.2km，并建设了 6.7km 护网，配套监控广播设施对水工建筑物的保护和水库运行管理起到了重要作用。在加强生态保护工程建设的同时，崇青水库管理所注重加强对水环境的保护，每年数次开展专项清理行动，据不完全统计，自 2016 年至 2021 年出动执法人员 1.6 万余人次、处治违法排污 36 起、非法倾倒垃圾 28 起、处置非法取水 30 起、清理水面垃圾 120 多万 t、河湖专项整治取得了阶段性的成果，有效保护了水环境。

（三）河湖管理特点

管养分离，由专业施工队伍实施维护工作，着重绿化建设、水质保护。

（四）有关基础信息

（1）水清：根据北京市房山区环境保护监测站监测报告，该处水体为Ⅱ类且达标。

（2）岸绿：2016 年实施建成了青龙湖水岸湿地公园和万亩森林公园，

周边环境得到了很大的改观，绿化面积达到了80%以上。

（3）安全、宜人：为保障环境和库区安全，大坝坝顶宽度由原来的5m加宽至6m，坝顶路面及连接线道路新建、改建3.2km，并对大坝外坡进行坡改平植草砖护砌排水系统改建、坝顶架空线路进行改造；绿化区域种植乔灌木等8万余株，水生、地被类植物14.2万m^2，防汛道路2.2万m^2，建设3处浮箱码头，库区周边设置20余处视频监控点及广播点，安置垃圾箱、引导牌、座椅等附属设施；整个库区建设围网6.7km，并全线设置照明设施，办公楼内设有大屏监控系统，达到24小时全方位无死角对库区安全监控，更加便于水库防汛及安全管理；有效改善水库周边生态环境，在满足水库管理和生态环境建设的基础上，满足附近居民休闲、健身、游赏的基本需求，全面提升区域品质，促进将崇青水库打造成北京西南高端旅游胜地和绿色生态明珠，成为房山的一张亮丽名片。

（4）管护：崇青水库管养分离，崇青水库管理所主要负责运行管理，区水务局项目办负责维护。实现河长全覆盖，在三级河长的基础上，建立“一长三员多段”巡查和管理机制，推行“两级河长＋技术河长”工作模式，以及探索“河长＋警长＋检长”执法方式；通过建立机制、群众举报、第三方检查等多种方式发现涉水环境问题，并以“河长制交办单”的形式督促处理。

通州区

通州区运潮减河河长制典型经验做法

通州区河长制办公室

亮点

运潮减河是副中心一条集行洪、生态、休闲为一体的河道，承担着北运河向潮白河泄洪的重要功能。近年来通过实施中小河道治理，提升了河道防洪能力，通过实施水污染治理工程改善了河道水质，通过实施景观工程将河道建设成居民家的“后花园”。结合河长制的管水目标及各项措施的落实，明确了各级河长责任，建立了各部门联动机制，充分利用河道营造城市文化气息，建设以绿色森林、文化氛围包围的城市副中心。

一、案例背景

运潮减河是北运河向潮白河泄洪的主要分洪河道。西起北关分洪闸向东至潞城镇东堡村南与潮白河交汇。河道全长 11.7km，流域面积约 61.2km^2，其中约 5km 穿过北京城市副中心。流经通州区的新华街道、通运街道、潞源街道、潞邑街道、潞城镇、宋庄镇，流域面积 29km^2。两岸建有北关分洪闸、龙旺庄桥、三慧桥、京秦铁路桥、召里桥、师姑庄橡胶坝、师姑庄桥等 7 座主要建筑物，河道两侧建有 11 座待机排水涵闸，护岸林木 10 万余株。

二、主要做法和措施

近年来，运潮减河环境面貌的整体提升与一系列的治理工程分不开，自 2010 年以来，运潮减河主要实施了中小河道治理工程、水污染治理工程及景观提升工程等项目，提升了运潮减河洪水期防洪排涝能力，恢复了河道水体的整体水质，加强了河道及两岸绿化及整体景观建设，使运潮减河成为城市副中心一条集行洪、生态、休闲为一体的绿色生态走廊。

（一）中小河道治理工程

2012年，为提升运潮减河防洪能力，通州区结合中小河道治理项目对运潮减河进行了治理，治理长度14.4km，清淤并护砌10km。工程设计标准为20年一遇洪水不出主槽，50年一遇洪水漫滩不出堤。运潮减河清淤整治工程实施后，提高了河道行洪能力，完善了防洪体系，保障了河道安全，河道及沿河地区周边水环境提高，并随着北运河两岸经济发展的带动，有效提高周边投资环境、生态环境。

（二）水污染治理工程

运潮减河由于上游来水污染及沿岸排污，河道水质常年为劣Ⅴ类，黑臭水体对周边居民造成了极大影响。自2015年起，通州区开始对运潮减河沿线开展治污工程，主要实施了河东再生水及配套管线工程、河东再生水厂支线污水截流工程及针对零散排口的黑臭水体治理工程，使运潮减河沿岸无污水直排入河。随着全市水污染治理工作的不断推进，上游来水水质的逐步改善，现在运潮减河水质已得到很大的改善，水质保持在Ⅳ类，河道内鱼类等水生动物也逐渐出现，水生态质量逐步恢复。

（三）运潮减河景观提升工程

运潮减河是北京城市副中心行政办公区的北边界，随着运潮减河水环境的不断提升，对于整体品质提升的需求日益凸显。为此通州区首先实施了运潮减河公园项目，在耿庄桥至师姑庄桥间，面积约为56hm^{2}范围内进行公园建设。运潮减河公园作为一个开放性城市带状公园，其设计理念融合了生态园林城市目标和海绵城市建设标准，追求生态环境效益，以植物造景为主导，充分体现了植物景观的文化内涵和寓意，展示了园林植物空间的意境美，同时结合廊架、木屋等配套服务设施，体现了简洁、现代、有创意的景观文化。全园广植高大乔木，其中常绿乔木3072株，落叶乔木6932株；各类灌木8809株；草坪地被植物30余万m^2；各类亭廊20余处；各类坐凳291个。运潮减河公园服务运潮减河沿岸多个居民小区，群众可达六万余人，成为副中心居民家的“后花园”。

2021年，随着在绿道上开展的活动日益丰富，人们也在呼唤着更为高质的服务、管理水平。为倡导健康生活理念，促进市民健康出行，通州区实施了运潮减河健康绿道建设项目，建设绿道22.94km，提升了生态环境品质，丰富了城市休闲空间体系。

三、思考与启示

（一）河长制建立，属地河长承担职责

2017年通州区以区委、区政府办名义印发《通州区全面推进河长制工作方案》（京通办发〔2017〕13号），依托区级重点河道，将全区划为15个流域，设立区级河长，由区级领导担任。乡镇（街道）级河长由乡镇（街道）党（工）委和政府主要领导担任，村级河长由村级党组织主要负责人和村主任共同担任。所有河道所在的乡镇（街道）、村均分级分段设立河长，实现了全区三级“河长”体系全覆盖。运潮减河同样设立了三级河长，各级河长的职责与信息通过河长制公示牌向社会公开，督促河长履行河长职责。

（二）完善联动机制，汇聚河道协同保护合力

运潮减河作为市级河道，日常管护涉及市、区等多个部门，为保障运潮减河日常管护到位，建立多部门联动的长效管护机制，2018年区河长办召集北运河管理处、区水务局、区园林绿化局、区城管委及沿岸各街道、乡镇召开管护对接会，会上逐段逐片梳理权属和管理职责，会后以区河长制办公室名义印发《通州区市级河道水面、岸坡管护责任划分》，为各级河长统筹规划、管理和治理河道提供了理论依据。

2020年加强河道空间管控，区水务局按照《中华人民共和国防洪法》《中华人民共和国河道管理条例》等法律法规进行划定工作，编制《通州区河道管理范围和保护范围》，划定成果经区政府审议后，在北京市通州区人民政府网站及部门公众号进行公示。将划定成果对各乡镇、街道和基层水务部门进行培训，并启动河道界桩安装等工作，为推进建立范围明确、权属清晰、责任落实的河湖管理和水利工程管理保护责任体系提供了坚实基础。

（三）不断拓展，运潮减河水环境展现新面貌

2017年至今，在各级河长的共同努力下，通州区运潮减河的水环境不

断改善，逐步提高了滨水空间品质。运潮减河周边的建设贯彻绿色北京城市副中心的理念，体现“绿色通州、人文通州、科技通州”三大特色，展示通州在城市环境建设中的独创性，突出城市特色文化，充分利用河道沿线景观，营造城市文化气息，建设以绿色森林、文化氛围包围的城市副中心。

顺义区

河长制体制机制显实效

顺义区河长制办公室

亮点

顺义区建立“3+1+23”的管护机制确保河长制责任落实，“3”即三级河长体系，“1”即一支河道巡管员队伍，“23”即23支第三方河道管护队伍。区河长办通过建立完善的考核奖惩机制，助力河长制行稳致远；加强河道巡查、环境保洁常态化，形成“巡查、反馈、整改、核验”的闭环管理机制；率先开展小微水体整治及PPP模式实施农村治污，改善流域水环境。

一、案例背景

自2016年11月建立区域河长制工作机制以来，全面加强河流管理保护工作，认真贯彻落实市级相关决策部署，全面发力、精准施策、扎实推进河长制各项工作稳步推进。

二、主要做法和措施

（一）建立了“3+1+23”管护机制，确保河长制责任落实

“3”即三级河长体系，是河长制工作的“助推器”。按照“党政同责”原则，结合流域及河道情况，设立“区、镇、村”三级河长体系，明确具体职责，层层传导压力，逐级压实责任，确保每条河（渠）道、每处小微水体都有人管。河（渠）道沿线设立河长制信息公示牌379处，小微水体公示牌112处，接受社会监督和问题举报。

“1”即一支河道巡管员队伍，是河长制工作的“侦察兵”。综合河道长度和流经村庄情况，按照“每3km一人”的标准，建立了一支450人的

河道巡管员队伍，负责辖区范围内河流的日常巡查工作，发现问题及时制止并上报。2021 年河道巡管员累计上报河（渠）道环境问题 7541 处，全部及时整改到位。

“23”即 23 支第三方河道管护队伍，是河长制工作的“清道夫”。23 个镇（街道）采取购买第三方服务的形式，把辖区河（渠）道和小微水体环境管护工作委托给专业公司，明确养护标准，加大日常管护、保洁力量，及时清理、解决大量河道管护中存在的问题。结合机制建立，顺义区制定、出台了相应的管理制度，各级河长严格落实工作职责，积极开展河道巡查、督导，召开工作调度会等，逐步推进重难点问题解决。河长制实施以来，全区河（渠）道、小微水体环境状况改善明显。

（二）建立考核奖惩制度，助力河长制行稳致远

为发挥体制机制作用，确保河长制工作发挥实效，顺义区根据自身实际，先后制定了《顺义区河长制工作管理考核办法》，配套出台了《顺义区河长制日常考核实施细则》《顺义区跨镇（街道）河流断面考核奖励实施细则》《顺义区水环境镇街跨界断面补偿金核算细则（试行）》等，逐步完善河长制工作考核奖惩机制，创新确立了“两考核、三通报、一奖励、一补偿、一约谈”五部曲。

实施“两考核”：区河长办每月按照考核实施细则，对各镇、街道办河长制日常工作情况和跨镇（街道）界断面水质进行考核。

建立“三通报”：“会议通报”每月在镇街党工委书记点评会、河长制工作推进会上通报各属地河长制重点任务完成情况、河渠道和小微水体管护情况；“发文通报”每月印发《河长制工作日常考核情况通报》将河长制工作落实情况、存在问题和下一步工作要求通报给各属地；“媒体通报”将 25 个属地日常考核结果通过顺义融媒体平台向社会通报并接受社会监督。

兑现“一奖励”：根据跨镇（街道）河流断面水质情况和日常考核成绩，核定各镇、街道的奖励费用，“以奖代补”调动属地工作积极性。

落实“一补偿”：按照水环境考核中的监测结果核算属地水环境镇街跨界断面扣缴和补偿金额，断面上游属地扣缴的金额作为下游属地的补偿金。

强化“一约谈”：根据工作需要，结合考核情况，对工作落实不力的层层约谈，区级河长和区河长办对工作推进缓慢、措施落实不力的属地和部门进行约谈提醒；镇（街道）级河长和河长办对工作落实不力的村级河长和河道巡管员进行约谈。

通过实施“五部曲”，激发了各级河长的工作积极性，进一步推动了水污染防治、水环境改善、水生态修复等工作，助力顺义区河长制“名”“实”相符。

（三）密织网、勤筛漏，促河湖管护提质增效

两个常态化“织网”。河道巡查常态化：河道巡管员按规定每日巡查河（渠）道，发现问题及时反馈，轨迹覆盖河道全域；“三级河长”按职责巡河，发挥“头雁”作用，推进辖区重难点问题解决。环境保洁常态化：23 支第三方河道管护队伍每天对管辖河（渠）道和小微水体进行常态化保洁，提升环境问题解决的时效性。

定点巡查+随机抽查“筛漏”。54 条河（渠）道和 576 处小微水体设立固定巡查点位 2313 处，每月 2 轮次检查属地河湖管护成效；结合重点工作，抽查重点问题点位，减少问题反弹。

闭环管理“提效”。建立河（湖）长制管理信息化系统，设置河道巡查、问题反馈、整改督办、检查审核等模块，形成“巡查、反馈、整改、核验”闭环管理机制，提高问题发现和处置效率。

（四）“两个率先”源头治水

一是在全市率先开展小微水体整治工作。从 2019 年 3 月开始，顺义区实施小微水体攻坚行动。对全区河道、沟渠、马路边沟、坑塘、房前屋后排水沟进行全面排查、梳理、建账。通过雨污分流改造、封堵排污口、抽运积水、清淤河渠底泥等措施集中整治，按照整治完成一处、验收一处、销号一处，实行“拉条挂账、逐个销号”式管理，确保小微黑臭水体动态清零。2019 年 6 月，顺义区将小微水体纳入河长制管理，按照“无垃圾渣土、无污水排入、无水面漂浮物、无违法建设、无臭味”的目标强化管理、考核。完善小微水体管护台账，实行动态监管，重点消除小微水体水体黑臭、水面漂浮物和垃圾渣土等问题。

二是在全市率先采用 PPP 模式实施农村污水治理工程。通过建设污水处理站、接入市政管网等措施，分两期，对全区 287 个村的农村污水进行集中收集处置，避免污水直排入河。

三、成效

顺义区通过几年的持续工作，有效地提升了流域内河道水环境，改善了流域内水污染问题，初步实现了“水清、岸绿、安全、宜人”的河湖环境工作目标。下一步顺义区将继续加强水污染、水环境治理、水生态治理、水资源管理及河流岸线管理等工作，以科学、有效的方式开展综合管护工作。

大兴区

"清四乱"专项行动工作经验

北京市大兴区河长制办公室

| 亮点 |

大兴区对乱占、乱采、乱堆、乱建等河湖保护突出问题开展专项清理整治行动，通过2018—2019年的专项行动，河湖面貌明显改善。通过建立工作台账、加强问题督办力度、通报工作开展情况等措施，实现了"清四乱"工作制度化、常态化，助推河长制工作不断取得新成就。

一、案例背景

按照水利部统一部署，自2018年8月起，我区对乱占、乱采、乱堆、乱建等河湖保护突出问题开展专项清理整治行动，要求2018年年底前"清四乱"专项行动见到明显成效，2019年4月底前全面完成专项行动任务，河湖面貌明显改善。

市级"四乱"问题台账涉及我区共计163处，其中：乱占16处，乱堆25处、乱建115处，其他类违法违规问题7处。涉及河道17条，分别为永定河（126处）、凉水河（4处）、旱河（5处）、大龙河（5处）、新凤河（4处）、红凤灌渠（4处）、小龙河（3处）、永定河灌渠（2处）、凤河（2处）、中堡二干（1处）、岔河（1处）、官沟（1处）、老凤河（1处）、凉凤灌渠（1处）、念坛引水渠（1处）、姜凤支流（1处）、四海支流（1处）；涉及属地12个，包括黄村镇（98处）、北臧村镇（20处）、榆垡镇（9处）、青云店镇（8处）、天宫院街道办事处（6处）、旧宫镇（5处）、长子营镇（5处）、庞各庄镇（4处）、高米店街道办事处（3处）、瀛海镇（2处）、观音寺街道办事处（2处）、安定镇（1处）。截至2019年5月31日，大兴区“四乱”问题台账已全部销账。

二、主要做法或措施

一是针对河湖“清四乱”工作市级台账问题，大兴区水务局积极协调推进整治销号。专项行动以来共计组织推进会、协调会等6次，协调解决整治过程中的难点问题。

二是区河长办加强问题督办力度，将台账全部以督查通知单形式下发至相关镇（街道），提高了镇（街道）、村级河长对“清四乱”工作的重视度，提升了问题整改效率；相关镇（街道）攻坚克难，积极推进“清四乱”专项行动的落实。

三是每月整理汇总各镇、街道专项工作进展情况，并在《北京市大兴区河长制工作信息》中通报排名，督促相关镇、街道落实工作。

四是2019年，为进一步加快专项工作进度，大兴区水务局向未完成专项任务的镇下发督办通知3次，强调销号时间节点。

五是由区河长办牵头将“清四乱”问题清单下发至3个区级河长联络办公室，按照每月清单整改情况逐一进行核实，巩固和深化“清四乱”整治成果。同时要求各联络办公室分赴各自所管河湖，调度指挥，解决难题，协助各镇（街）克服畏难情绪，攻坚克难，全力开展整治行动。

三、成效

瀛海镇大力清除四海支流沿线违法建设。为进一步落实河长制工作，推进瀛海镇“清四乱”专项行动，本着对违建实行“零容忍”的原则，2018年9月份，瀛海镇集中开展四海支流清违建行动。一是对相关违建企业进行宣传引导、劝诫教育。二是向违建主体下达限期拆除整改通知书，鼓励自行拆除。三是开展集中拆除工作，出动人员2200余人次，车辆300余车次，大型机械100余台班，共清理违建200余处，约$2500m^2$。四是及时清运建筑垃圾，共清理垃圾3000余m^3，有效改善了河道生态环境，及时消除了防洪安全隐患。

旧宫镇总河长高度重视“清四乱”专项整治工作。为强力推进河道“清四乱”专项整治工作，旧宫镇镇长、镇级总河长谭永刚担任总指挥，定期会同区各级河长及相关部门负责人开展巡河行动，认真排查河道“四乱”问题。本着鼓励自行拆除违法建设的原则，2019 年 2 月起镇级总河长谭永刚及旧宫镇河长制工作具体负责人赵文龙多次进行引导宣传，2019 年 4 月 4 日违法当事人将违法建筑自行拆除完毕。

长子营镇积极开展“清四乱”专项行动。自开展河湖“清四乱”专项整治行动以来，长子营镇认真履行属地管理责任，镇、村两级河长积极巡河履职，坚持以问题为导向，对排查出的问题扎实进行整改，取得了一定的成效。2018 年 9 月发现在红凤灌渠长子营镇朱脑村段有“乱堆”问题，长子营镇总河长翟阳现场指挥，镇环保办、农办、水务站协同配合，共出动 25 人，挖掘机 2 辆，铲车 2 辆，运输车 2 辆，历时 2 天，共清理垃圾渣土 300m^3 左右。

黄村镇开展永定河左堤路沿线环境集中整治工作。2019 年 4 月 5 日开始，黄村镇主要领导带队，镇水务、环整、土地巡查、综治、城管等部门共同参与，组织沿堤四村对左堤路沿线环境进行综合治理。对长期形成的私搭乱建、乱堆乱放、积存垃圾等进行集中清理整治。截至 2021 年年底，共出动车辆机械 240 台次，人员 1200 人次，拆除私搭乱建 34 处（3960m^2），取缔圈占河堤用地 18 处，清理乱堆乱放 63 处，清运垃圾渣土 2300 余 m^3，拖移僵尸车 30 辆，清理林地内乱停放车辆 200 余辆。

北臧村镇加大“四乱”问题的管控力度。自专项行动以来该镇全面查清“四乱”问题，对发现的问题全部纳入台账管理，开展专题研究，加强工作部署，采取一系列强力手段，对永定河（北臧村段）河道内乱占、乱采、乱堆、乱建等突出问题进行集中清理整治，横向到边、纵向到底、不留空白、不留死角，确保发现一处、清理一处、销号一处。目前“四乱”问题全部销账，河道管理秩序明显好转。北臧村镇将强化沿左堤路一线的岗亭值守及永定河（北臧村段）行政管辖范围内河道巡视力度，同时充分发挥镇、村级河长职能，不断加强河道管理保护，对“四乱”行为发现一起、清理一起，促进“清四乱”工作制度化、常态化，助推河长制工作不断取得新成效。

新凤河治理经验

北京市大兴区河长制办公室

| 亮点 |

新凤河是黄村、亦庄和通州城市副中心的重要生态廊道，是大兴区北部重要的防洪排水、风景观赏河道。新凤河治理前，河道黑臭、严重影响人居环境质量。通过新凤河流域治理及严格落实河长制的各项措施，实现了新凤河河水清澈见底，两岸绿植满溢，在着力改善水环境质量的同时，新凤河打造了“一廊三园多节点”的生态景观空间格局。实现了“水清、岸绿、安全、宜人”的目标。

一、案例背景

新凤河又名碱河，属海河流域的北运河水系，凉水河主要支流，北京市南部地区黄村、亦庄和北京城市副中心（通州区）的重要生态廊道，大兴区北部重要的防洪排水、风景观赏河道。新凤河西与永定河灌渠相连，东与凉水河相接，大兴区范围内河道长度 28.8km（其中北京经济技术开发区 4.8km）。

新凤河综合治理前，生活、养殖、工业污染直排入河，流域内多条河道黑臭，严重影响区域人居环境质量。为治理新凤河生态环境，大兴区政府启动了新凤河流域综合治理工程，工程建设内容主要包括对新凤河实施截流污水 2.8 万 m^3/日、引调再生水 4 万 m^3/日补给河道、新建慢行系统 21km，新增绿化面积 88hm^2、水生植物恢复面积 30hm^2，通过 3 年多的综合治理，新凤河现已稳定实现地表水Ⅴ类水功能区划要求，河水清澈，水草丰盛，沿河健康步道通畅、市民亲水设施完整。

新凤河治理项目秉承“以人为本”设计理念，着力打造“水清、岸绿、安全、宜人”的河湖水环境，遵循“削减污染→提升水质→修复生态”

治理路径，系统考虑水资源、水生态、水环境三者协同，实现“水安全、水资源、水环境、水生态、水景观、水文化、水管理、水经济”总体目标。通过三年治理，新凤河水环境质量三年连续提高，新凤河新城段于2019年7月面向市民开放，新西凤渠湿地公园、安南湿地环保主题公园于2020年10月面向市民开放。

二、主要做法或措施

河水清澈见底，两岸绿植满溢，在着力改善水环境质量的同时，新凤河打造了“一廊三园多节点”的生态景观空间格局。

“一廊”是指新凤河生态廊道，通过协调城与水的关系，融合集散广场、滨水绿道、景观廊架、亲水平台等元素，形成满足居民交流、休憩、观景等多种需求的场地，构建一幅趣味的城市画卷，让市民生活回归水岸。

“三园”是指滨河公园、新西凤渠湿地公园、安南湿地环保主题公园，能够有效净化城市地表径流，并为鸟类、两栖类、水生及陆生生物提供多样的栖息地。湿地中还设置了一系列栈道与小径，与片区内其他慢行系统相连，创建连续的公共水岸。

“多节点”是指根据河道周边交通、居住环境，沿河设置的多处景观节点，丰富绿道活动空间，提升步行舒适度且为周边居民提供休憩的活动场地。

三、成效

（1）新凤河全流域黑臭水体已消除。

（2）2019年新凤河出境断面烧饼庄闸主要水质指标COD、NH_3-N、TP年平均值相比2016年分别下降了48.75%、92.61%和85.68%，河道水环境质量从治理前的劣Ⅴ类提升到了地表水Ⅳ类。

（3）新凤河水生植物约26种，总的水生植物覆盖度约40%；鱼类约10种，主要有鲫鱼、草鱼、鲢鱼、黄黝鱼等；大型底栖动物恢复良好，鸟类种类和数量逐渐增多，水生态系统生物多样性明显提高；根据《水生态健康评价技术规》（DB11/T 1722—2020），新凤河水生态健康综合指数约为78.2，相比治理前提升了约180%。

落实河长制，河道沿线高米店街道、清源街道、观音寺街道、黄村镇、西红门镇、瀛海镇、青云店镇全部明确了河长、设立河长信息公示牌，各级河长认真巡查履职；河道设有专业化管护队伍，负责河湖日常管护，实现河湖周边无垃圾渣土、无违法排污、无新增违法建设，无水面漂浮物、无水体黑臭。

昌平区

北七家镇五年河长制工作经验

北七家镇人民政府

亮点

北七家镇自2017年开始全面落实河长制工作，通过分析辖区内河道存在的问题，提出及完善了一河一策方案，并按照方案推动落实。抓好各级河长巡河工作，充分发挥巡河的作用。通过开展工程建设，改善河湖基础条件；建立及完善河湖日常管理工作，维护河湖环境；建立河湖管理问题台账，逐项落实整治，逐步实现区域河湖环境的改善。

一、案例背景

2017年以来，我镇切实按照“河长制”工作的部署和要求，结合镇域内实际情况，全面推动镇域内河流生态保护及综合治理工作，根据市、区要求和有关文件精神，结合“第1号总河长令”，有效落实各项工作，现将2017—2022有关工作情况总结如下。

二、主要做法与成效

（1）优化方案，制定配套制度。根据每条河道存在的问题及实际情况，逐条提出了个性化治理方案，优化了“一河一策”方案。及时制定并印发了北七家镇河长制工作方案与北七家镇巡查、通报和考核等10项配套制度，构建起了横向到边、纵向到底的河长制网格体系。同时把各项工作落实到村级河长、科室站所。

（2）健全体系，做好日常工作。为满足日常巡查及河道保洁需求，北七家镇配备了河道管护队伍共40人，并配有“河道巡查”衣服、马甲和袖标，机械、车辆、工具等配备齐全。2017—2022 年派出 50000 余人次、5300 余车次，清理垃圾 4900 余 m^3，打草面积 470000 余 m^2，镇域内排干周边水环境质量得到明显提升。同时也要求全镇 19 个村也配备村内巡查队伍，对村内排干进行巡查，以落实河长制相关工作，每月根据巡查记录对我镇水环境问题进行整理汇总，制作河长制简报下发至各村级河长。

（3）抓好巡查，切实提高巡河率。根据河长制方案和要求，我镇高度重视对全镇河道的日常巡查工作，要求村级河长严格履职并及时登录北京河长 APP，认真做好辖区范围内的河道巡查、管理工作。对于每周巡河次数不达标的村级河长，每周三短信提醒、每周五电话提醒。2017—2022 年，我镇有效巡河里程 15377km，巡河人次 7360 人次，其中镇级河长共巡河 322 人次、巡河里程 1436km，村级河长共巡河 7038 人次、巡河里程 13941km，以百分百的巡河率完成了巡河任务。镇级河长在巡查中发现并解决问题共计 824 处并通过北京河长 APP 上传至河长系统；另外我镇对北京河长 APP 已进行了相关的培训工作，除日常巡河里程和巡河次数保质保量完成外，还对软件上不断完善的新功能加以应用，能够及时将问题上传照片并妥善解决。

（4）工程带动，多种形式治理。2017—2022 年我镇对镇域内河道进行全面摸排，细化整治措施，合理安排工程项目，我镇实施了北七家镇五排干（王府家庭农场至北清路段）截污管线工程、2017 年北七家镇清淤工程、2019 年北七家镇清淤工程、2021 年北七家镇清淤工程、2022 年北七家镇清淤工程（进行中）2018 年北七家镇水毁工程、定泗路（郑各庄村段）道路积水排除工程、清河老河湾南段水环境治理工程、八仙庄村截污工程和平西府村截污工程、曹碾南排干排污口治理工程、立汤路东沙段污水排出工程、五排干北清路桥周边水环境治理工程，工程的实施有效解决了污水直排及河道周边脏乱差问题，大大提升了我镇河道周边水生态环境质量；此外我镇积极响应市区两级关于小微水体治理工作指示精神，全面开展农村地区沟道、坑塘、马路边沟等小微水体整治，对市河长办信息采集系统内挂账 13 条小微水体进行梳理，再次明确责任管护主体、治理计划。我镇通过管护以及工程措施已全部完成治理，所有点位已通过区河长办现场验收，并报市级系统销账。通过疏整促、联合执法等多种形式，我镇定期、不定期召开河长制工作会，组织协调有关单位共同开展辖区内的河湖生态环境管理工作，依法查处相关违法行为，牵头组织对侵占河湖、倾倒垃圾、非法排污等突出问题依法进行清理整治。

（5）挂账督办，狠抓落实整改。根据“清河行动”“清四乱”“区级河湖台账”“镇河长制台账”“排污口台账”等台账，组织相关责任单位进行实地查看，召开现场办公会，划分责任，明确整治标准，限期整改，政府办、镇河长办督促整改，2017—2022 年期间我镇共处理各类台账 400 余处。

三、思考与启示

（1）继续深入贯彻落实 2022 年第 1 号总河长令，在全面推行河长制基础上，对纳入我镇所有主河道进行整治，实现无垃圾渣土、无集中漂浮物、无污水直排、无臭味、无违法建设五无目标，按照“谁使用谁管理、谁所有谁管理和属地管理原则”，明确责任管护主体，进行全面整治。

（2）将以强化落实“河长制”为切口，进一步发挥好牵头、组织、协调、指导及督查作用，会同相关单位紧密配合，形成工作合力，实现常态化和长效型工作机制。同时加快各相关工程建设进度，杜绝污水直排，保障水生态环境。

（3）继续加大宣传力度，充分利用各种媒体及网络，加强对全面推行河长制工作的宣传教育和舆论引导，不断增强公众对河湖保护的责任意识和参与意识，营造全社会关注河湖、保护河湖的良好氛围。

延寿镇河长制经验做法

延寿镇人民政府

亮点

延寿镇党委、镇政府在昌平区委、区政府的坚强领导下，紧紧围绕生态涵养的功能定位，牢固树立“绿水青山就是金山银山”的发展理念，不断加强生态环境治理和保护，严格落实河长制工作责任，镇域河湖生态环境水平有了显著提升。

一、案例背景

延寿镇是昌平区唯一的纯山区镇，镇域总面积 125.25km^2，辖 17 个行政村，有小二型水库 2 座，塘坝 7 座，主要河流 4 条，50 余 km，市级跨界断面 2 处，区级跨界断面 2 处。多年来，延寿镇党委、镇政府在昌平区委、区政府的坚强领导下，紧紧围绕生态涵养的功能定位，牢固树立“绿水青山就是金山银山”的发展理念，不断加强生态环境治理和保护，严格落实河长制工作责任，镇域河湖生态环境水平有了显著提升。

二、主要做法与成效

一是建立工作机制，奠定坚实基础。按照河长制工作要求，结合镇域实际情况，研究制定了《延寿镇河长制工作方案》，将全镇所有水系列入河长制管理范围，明确了河长制工作目标和具体任务，并逐一分解到流域、村庄和具体责任人，推动实现压力层层传导、任务人人有份。修订和完善了河长制会议、巡查、督导检查、信息报送及共享、工作考核等 6 项配套制度，参照市、区两级相关文件，出台了河长制工作约谈办法及检查通报制度。

二是组建河长队伍，明确工作职责。严格落实河长是河流和相应水域管理保护的第一责任人的要求，建立完善了镇、村两级河长队伍体系。镇党委书记和镇长担任镇级河长，对辖区水系管理和保护工作负总责，对村级河长和相关科室履职情况进行督导，对目标任务完成情况进行考核问责；主管副镇长担任副河长，具体负责河长制日常工作的协调实施。同时，设立了由镇领导班子成员担任的镇级分河长 7 人，设立了由村党支部书记担任的村级河长 17 人，实现了区域全覆盖、河长全覆盖，形成了镇级河长和分河长统筹监督协调、村级河长具体落实、各单位齐抓共管的工作格局。此外，镇政府发挥河长制管护资金的作用，由各村聘用 25 名河长制管护人员，定职责、定任务，确保河道管护工作落到实处。将部分河长制管护资金作为机动资金，发现涉河问题及时处理解决。通过全镇上下的不懈努力，河道管护范围内私搭乱建、乱堆乱倒等涉河问题得到有效控制，水域环境持续向好。

三是实施工程建设，全面治理河道。通过国家农业综合开发项目、延寿沟域经济配套基础设施建设一期工程、北庄村 5000 亩生态综合治理项目、延寿沟域连山石河道综合治理等项目的有效实施，延寿镇先后完成连山石至上庄段、黑山寨至北庄段、慈悲峪至南庄段、西湖至湖门段及蔺沟下庄段、上庄段河道综合整治工程；镇政府自筹资金 400 余万元，又完成全镇各支流沟道 3 万余 m^3 沟道清淤任务。在镇域内 4 条主要河流及各支流沟道全部完成治理的基础上，继续加强日常管护，做到垃圾随见随清、涉河问题随发现随处理。

四是加强用水管理，提升整体环境。继续将水污染治理、水环境、水生态及河道景观整体提升作为重点，促进全镇河流及重点水域生态环境得到显著提升。目前，全镇 116 个排污口已全部治理，已完成 15 座农村污水处理设施建设，11 座已投入正式运营，农村污水直排问题得到根本改变，望宝川村农村治污工程正在有序推进。严格控制用水总量，根据全镇每年用水指标，结合用水单位实际情况，对用水指标进行匹配；加强节水宣传，推进节水型村庄建设，13 个村节水水龙头换装工作已全面完成。全镇 17 个村水费收缴工作已全面实施。南庄村一处小微水体已完成治理，并加强日常管护。在现状河道的基础上，利用本土资源，突出地区特点，着力打造河道景观节点。在上庄段河道，修建干砌 2.3km，绿化美化河床

5000余m^2，形成集景观与使用功能一体的特色示范河段。在湖门村河道，结合民宿建设，整治河道1km，修建小型截流5处，在入村口打造亲水平台1处，并设置了风车、桌椅板凳等贴切乡村旅游的景观小品；在连山石村河道，以保障防汛安全为前提，完成了连山石—木厂村约13km的沿河步道建设，对河道沿线易出现滑坡、坍塌地段进行护坝、挡墙修复。同时，通过大杨山景区周边及桃下路沿线生态环境治理等系列工程的落地实施，绿化美化21万m^2，栽植乔木2950株，灌木3000株，垒砌护坝3.2万m^3。自2017年起，遇降雨充沛季节，连山石村大泉处泉眼能够出现复涌。镇域内河湖生态环境得到进一步提升。

五是抓好日常工作，推动任务落实。结合全镇美丽乡村建设，进一步抓好河长制各项工作落实。几年来，累计召开各类河长制工作会议100余次，区、镇两级人大代表对河长制工作督导检查5次，安装河长制信息公示牌17块，报送宣传信息80余篇，并通过镇级微信平台，村广播、横幅、会议等形式向辖区百姓进行宣传，进一步提升干部群众爱护环境意识。镇自筹资金4万余元，统一为镇、村两级河长配备巡河手机19部，确保每一位河长都能够利用北京河长APP开展巡河工作，保障镇、村两级河长利用手机巡河率达到100%。累计下发限期整改及禁止种养殖告知书200余份，按时完成市、区两级问题台账整改200多处，清河行动、清四乱工作及河长制投诉举报件全部得到有效解决。

三、存在问题

虽说延寿镇在推进河长制工作上做了很多工作，取得了一定的成绩，但在实际工作过程中，目前还存在以下几项问题，制约着我镇河长制工作的进一步提升。一是环保意识需进一步提升。部分沿河群众对河道环境保护的主观意识不强，且各村均普遍受农村传统习惯及条件限制，存在个别住户随意向河道管护范围内倾倒垃圾、农户柴草及翻建房屋堆放的临时建筑材料侵占河道现象，管理难度大，治理易反复。二是基础设施需进一步加强。受2021年汛期多场强降雨的影响，镇域内河道护坝多处坍塌，农村污水管线及部分污水观察井破损，出现河水渗入，污水处理设施前段观察井污水溢流情况。农村污水处理设施处理工艺达不到二类水指标，急需提升处理工艺。农村供水管线老化严重，经常出现跑水、漏水现象，造成水资源无故浪费。三是管

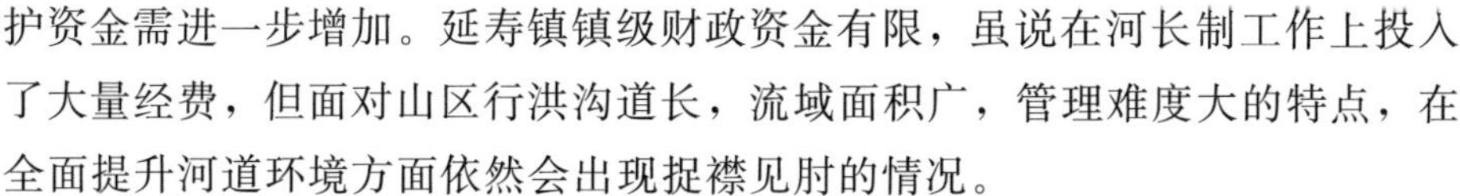

护资金需进一步增加。延寿镇镇级财政资金有限，虽说在河长制工作上投入了大量经费，但面对山区行洪沟道长，流域面积广，管理难度大的特点，在全面提升河道环境方面依然会出现捉襟见肘的情况。

四、思考与启示

一是要充分认识到河长制工作的重要意义。习近平总书记多次强调，绿水青山就是金山银山，要像保护眼睛一样保护生态环境，像对待生命一样对待生态环境。全面推行河长制，创新河湖管理体制机制，破解复杂水问题，维护河湖健康生命，是习近平生态文明思想在治水领域的具体体现。党的十九大报告明确提出，加快生态文明体制改革，牢固树立社会主义生态文明观，推动形成人与自然和谐发展现代化建设新格局。习近平总书记强调，要用最严格制度最严密法治保护生态环境，加快制度创新，强化制度执行，让制度成为刚性的约束和不可触碰的高压线。全面推行河湖长制，坚持党政同责，由各级党政负责同志担任河长，作为河湖治理保护的第一责任人，明确河湖治理主体和职责，同时严格考核问责，实行水安全损害责任终身追究制，对造成水安全损害的，严格按照有关规定追究责任，确保各项措施落地生根。河湖长制这一重大制度创新的效果已逐步显现。

二是要增强对山区河长制工作的扶持指导。延寿镇黑山寨沟及慈悲峪沟隶属于京密引水渠流域，水质考核标准已由原来按照Ⅲ类水考核提升为按照Ⅱ类水考核。在 2020 年按照Ⅲ类水考核过程中，黑山寨沟及慈悲峪沟跨境考核断面总磷超标被多次罚款，造成工作被动，所以 2021 年按照Ⅱ类水指标考核将会面临更加严峻的考验。根据摸底情况，我镇已建的污水处理设施处理后的水质远未达到Ⅱ类水标准，且各污水管线及污水观察井修建在河道内，难免会出现河水渗漏，造成污水溢流现象；此外，受 2021 年汛情影响，镇域内相应的水利设施均受到不同程度的破损。基于此，需要上级部门帮助协调提升污水处理设施处理工艺，解决污水管线及观察井修建在河道里的问题，加强对提升跨境断面水质的业务指导和技术支持，并在水毁修复工程、水质提升方面及河道管护方面予以资金扶持。

下一步，延寿镇党委、镇政府将继续按照区委、区政府的及区河长制办公室的总体要求和部署，高质量推进河长制各项工作，长期保持水清岸绿安全宜人。

马池口镇河湖长制经验做法

马池口镇人民政府

亮点

马池口镇全面贯彻《北京市进一步全面推进河长制工作方案》，建立镇、村两级河长制，全面落实河长制工作，促进水环境质量的持续改善，营造干净、整洁的河流环境秩序，多措并举不断提高马池口镇内水环境水生态水平，进一步为实现水清、岸绿、安全、宜人的河湖水环境目标努力。

一、案例背景

自 2017 年 7 月 19 日市委办公厅、市政府办公厅印发的《北京市进一步全面推进河长制工作方案》实施以来，我镇在区河长办指导帮助下建立了镇、村两级河长制，到 2022 年马池口镇水环境水生态得到根本性好转。为促进水环境质量的持续改善，全面落实河长制工作，营造干净、整洁的河流环境秩序，马池口镇积极开展“河长制”巡河工作，结合工作经验，不断提高镇内水环境水生态水平。

二、主要做法和措施

（一）建立综合治理体系、落实工作责任

将镇内 12 条河道纳入管理体系，做好河道生态治理及养护维护工作。镇、村级河长加强巡河工作，及时发现并解决问题，有效加强了河湖治理管护。

（二）设立河长制信息公示牌

向社会公示河长信息、河湖概况、管护目标、监督电话等内容，当市

民发现河湖存在水环境问题，可以直接拨打监督电话，向河长反映问题，提出意见建议，激发市民河长工作热情，引导市民积极参与河湖监督巡查行动。

（三）严查污水入河源头

对污水入河坚持零容忍态度，强化污染源头监督检查，以“吹哨报道”为抓手，以河长制促河长治，开展排污口排查整治，处理污水入河现象 69 处，封堵排污口 140 处，新建 2 座村级污水处理站。

以河长制为抓手，开展“清河行动”“清四乱”专项行动，通过溯源治污、排水口治理、污水管网建设等措施，解决污水直排、垃圾倾倒等水环境重点问题，陆续完成小微水体、黑臭水体综合整治，目前马池口镇 21 处小微水体已全部整改完成，黑臭水体已消除。今后“清四乱”工作将实现常态化、规范化。

（四）重点推进水务建设项目建设，提升水生态环境

一是完成“2021 年昌平区马池口镇横桥村排水管渠改造工程”，清理排水管渠约 1264m，护砌排水渠 652.73m；更新、清淤 700m 等。二是完成“昌平区马池口镇辛店村供水改造工程”，新建供水管 1746m、闸阀井 91 座、水表井 171 座，安装水表 479 块。三是完成“2021 年昌平区马池口镇楼自庄雨水管沟改造工程”。水生态环境明显改善。

（五）加强水污染治理

持续改善水环境，推进农村治污工作，对污水管线进行提升改造，解决村内污水淤堵、管线老旧及明流问题，实现村庄污水的有效治理。一是完成第一批农村治污 7 个村庄的农村污水管网工程，新建污水管道 66598m，更换、清淤管道 4855m、新建污水井 1638 座、更新井盖 525 套等全部完工。二是进行第二批农村治污工作，涉及葛村、亭自庄、白浮村、横桥、辛店、丈头村 6 个村，其中辛店村、亭自庄村、丈头村已完工。三是开展第三批农村治污工作，实地踏勘下念头村、宏道、百泉庄、上念头村 4 村，完善设计方案等。完成镇域内 20 条小微水体水质检测工作，进行溯源和治理共 21 条，销账 21 条。

（六）做好防汛工作

安全度汛，明确雨前、雨中、雨后三个阶段的任务清单，责任主体和完成时限。雨前围绕着监测、预报、工作部署、隐患排查治理、信息发布、人员转移、物资配备、停产、封路等重点任务，逐项落实落细；雨中重点调度落实应急响应、应急处置工作等；雨后围绕严防次生灾害、复产复工、排涝、设施修复等10项统筹推进落实，坚持24小时坚守岗位值班、值守，积极做好水务应急防汛工作，确保全镇汛期未出现险情。

（七）节水宣传

做好节水宣传工作，严格水资源管理，开展7次节水宣传活动，通过节水进校园活动提高在校学生节水意识，通过发放节水宣传品、张贴海报、悬挂节水宣传条幅、电子显示屏滚动播放等形式宣传节水知识，共发放宣传品3800份，受益群众达8000余人。通过完成农业高效节水灌溉项目，安装农业灌溉机井计量设施，梳理农业灌溉井244眼、生活井79眼，参与农村自备井清查、全国取水口调查、供水安全保障等为推动农村水利工作的有效落实提供了保障。

（八）强化考核问责

坚持问题导向，严格落实河长制度，每月对河长巡河、重点任务推进、河湖管护情况以及督导检查发现的问题进行统计，强化问责，对履职不到位、导致问题频发或造成不良影响的村级河长和相关责任人进行约谈。

三、思考与启示

马池口镇将继续扎实开展河长制工作，加强水污染防治、水环境治理，水生态修复和涉河施工监管检查等工作，为实现水清、岸绿、安全、宜人的河湖水环境目标而继续努力。

南邵镇河长制五年工作经验汇报

南邵镇人民政府

亮点

自河长制工作启动以来，南邵镇党委、镇政府通过建立河长制责任三级体系、落实河长巡查制度、建立监督考核机制、建立联合执法机制、建立公众参与及监督机制、做好河长制宣传等机制和措施，有效地保护了河道不再受到污染，为实现水清、岸绿、安全、宜人的目标积极开展相关工作。

一、案例背景

南邵镇现有市管河道、区管河道、镇管河道各一条。其中京密引水渠为市管河道，流经我镇姜屯、景文屯、张各庄、南邵、纪窑、金家坟 6 个村。东沙河为区管河道，南邵段全长约 3.8739km，全部为东沙河左岸范围，流经张营、景文屯、姜屯、营坊，南邵、北邵洼 6 个村，其中北邵洼、四合庄、张营、南邵 4 个村的东沙河巡查河道在滨河公园内。孟祖河为镇管河道，南邵段长约 8.7404km，沿线共涉及 10 个行政村，流经东营、何营、官高、纪窑、辛庄、金家坟 6 个村，张各庄、三合庄、四合庄、小北哨 4 个村不涉及长度。

二、主要做法和措施

自河长制工作启动以来，南邵镇党委、镇政府以强烈的环境保护意识、高度的政治责任感带领广大干部群众，从防止农村污水排入、群众生活垃圾污染、企业排放污染等方面入手，狠抓落实，有效地保护了河道不再受到严重污染。现将南邵镇河长制工作经验总结如下。

（一）建立河长制责任落实三级体系

经镇党委、镇政府研究决定，成立以镇党委书记、镇长任组长，常务副镇长任副组长，村支书任组员的领导小组，并制定了南邵镇河长制工作方案。形成主要领导亲自抓、分管领导具体抓、镇村联动协同抓，一级抓一级、层层抓落实的工作格局。

镇河长是镇域内河湖管理保护的第一责任人，负责组织协调相关单位共同开展辖区内的河湖生态环境管理工作。镇河长制办公室主要职责是负责辖区河长制办公室日常工作，具体协调推进河湖生态环境管理相关事宜，组织开展监督、考核等工作。村级河长主要职责为严格做到责任到人，建立巡查机制，按时完成每周巡河任务，充分发挥本村管水员作用，负责管辖河道范围内“三查”工作，即查垃圾渣土乱堆乱倒、查污水直排入河、查涉河违法建设和盗采砂石，发现违法现象要及时有效处理，暂时处理不了的，要有应急管控方案，并及时上报镇河长制办公室；做好污水排放、垃圾渣土乱堆乱倒、违法建设、盗采砂石等追踪溯源，建立工作台账，做到底数清、情况明。

（二）落实“河长”巡查制度，落实例会和报告制度

根据实际情况召开工作会，听取有关村的工作情况汇报，接受社会群众的反馈，对相关工作进行协调和部署。落实督查指导制度，镇级河长要加强对村级河长及相关单位的督查指导，发现问题要及时发出整改督办单或约谈相关负责人，确保整改到位。例如辛庄村巡河人员发现孟祖河道有污水排入、纪窑村小微水体存在水体堆积等情况，我镇河长办公室工作人员立即与昌平城区水务服务中心工作人员联系，排查原因，消除影响河湖生态现象，并要求村级和镇级河长增加巡河次数，防止以上现象再次发生。

（三）建立监督考核机制

根据区级出台的考核办法，完善南邵镇河湖生态环境管理考核办法，每年对村级河长河湖生态环境管理情况实施考核，根据考核情况分配管护资金，考核内容主要包括基础工作、河道面貌、河道保洁、宣传工作。考核评分采用现场检查、查阅台账资料等方式进行。根据河长制工作落实情况将各村的扣分情况纳入全镇各村每月考核体系中。全年再根据全区河长制考核情况对全镇各村进行通报分析。通过考核有利于监督和促进河长制工作情况的落实，并能直面了解到工作中的不足，带动全镇共同营造河畅、水清、景美、岸绿的水生态环境。

（四）建立联合执法机制

建立镇各相关部门的工作联动机制，遏制涉水违法、违规行为。针对河道内围网钓鱼、违章搭建等河道“四乱”问题进行排查整治。共阻止钓鱼 21 人，游商 2 人，清除河岸垃圾 10 处，有效维护河道管理秩序，遏制河道管理秩序，遏制河道“四乱”反弹。为减轻地下污水管道内水质的污染，南邵镇平安建设办公室、城乡建设服务中心到张各庄村内餐馆进行联合执法，纠正未安装隔油池的违规行为，建议商户定期清掏下水道，避免地下污水水质超标。

（五）建立公众参与、监督机制

在河岸明显位置设立“河长”公示牌，标明河道名称、河道长度、“河长”姓名及职务、整治目标和监督电话等内容，接受公众监督。自河长制工作开展以来，我镇共收到举报件共计 32 个，收件后均积极解决群众所反映的问题，及时向举报人反馈结果，争取达到满意率 100%。并自查自纠找到工作中的漏洞，提高巡河质量，营造全社会节水、护水、爱水的良好氛围。

（六）营造河长制氛围宣传

增强广大人民群众的知晓率、参与率和满意度，促使全民参与河长制，全面推进镇河长制工作，动员各村两委及党员志愿者通过定期开展入户宣传、发放问卷等方式，在有效宣传普及河湖长制相关知识的同时，切实让群众了解我镇水资源保护、水污染治理、水生态修复、河湖岸线绿化等方面情况，以此对这一阶段的工作落实情况进行反思和对下一步工作进行有侧重点的规划。同时结合水务工作进社区、到广场中对群众进行爱护河湖环境的宣传，极大增强群众保护水环境的责任意识，提高群众参与水环境保护的积极性。

昌平区城市管理委河长制五年工作经验

昌平区河长制办公室

亮点

2017年至2022年昌平区城市管理委按照区河长办工作要求，认真履行工作职责，通过强化组织领导、加强监管、加强考核等措施，全面推动全区主要河道两岸环境卫生的监管工作，确保河长制各项任务得到有效落实。

一、案例背景

2017年至2022年昌平区城市管理委按照区河长办工作要求，认真履行工作职责，成立河长制管理领导小组，健全工作机制，全面推动全区主要河道两岸环境卫生的监管工作，确保“河长制”各项任务得到有效落实。

二、主要做法和措施

（一）强化组织领导，成立领导小组

按照“建立管理机构、明确工作目标、落实管理责任、严格管理考核”的要求，建立河长制领导小组，由城市管理委主管环卫工作主任任组长，抽调精干力量，对辖区内主要河道两岸环境卫生实施环境监管，负责河岸周边环境卫生管理的组织协调、调度督导、检查考核等具体工作，协调相关镇街落实属地责任，推进河道两岸环境卫生检查督导工作。

（二）加强监管，推进工作落实

一是加强河道两岸环境治理。强化河道两岸环境卫生监督管理，2020

年 5 月 1 日《北京市生活垃圾管理条例》发布，我委持续有序推进生活垃圾分类工作，进一步规范生活垃圾投放、收集、转运环节的监管，加强各收集点设施运行维护管理，减少居民乱丢、乱倒和偷倒垃圾的现象，确保生活垃圾、建筑垃圾得到有效处理。同时各镇街与清运单位、消纳单位签订三方协议，确保渣土车辆密闭运输，按照批准路线和时间段进行运输，减少河道周边环境污染。

二是实施挂账督办。加强河道两岸环境卫生检查、巡查，建立工作台账，及时清理河道两岸周边垃圾及垃圾设施，治理环境卫生“脏乱点”。2018 年针对东沙河两岸沿线垃圾脏乱点等环境卫生问题，组织相关责任单位进行实地查看，召开现场办公会，划分责任，明确整治标准，限期整改，取缔河岸两侧废品收购点 2 处，清理整治白浮村南、满井桥下等 20 处非正规垃圾堆放点，维护河湖两侧生态环境。

三是加大检查力度，确保工作落实。成立 6 人河道沿线检查小组，每天有专人按照河道检查工作安排，对全区 77 条河道及小微水体进行日常巡查，将发现问题反馈镇街，立行立改。2017 年至 2022 年共检查 1219 次，出动检查人员 2400 人次，下发整改台账 675 份，其中发现生活垃圾堆放问题 544 处，整改 544 处；发现建筑垃圾倾倒问题 148 处，整改 148 处；发现堆物堆料问题 76 处，整改 76 处，整改率 100%。

四是加强河道两侧村庄整治，提升村庄优美环境。为全面落实河长制工作，区城管委将农村村域环境卫生整治与河长制工作相结合，每月对各镇街、北企公司村域开展环境卫生综合检查工作，加大河道两侧村庄道路遗撒、垃圾堆存、堆物堆料，公厕不洁等环境卫生问题的治理，突出垃圾分类处理，助力农村人居环境整治工作。

五是提升应急保障能力，强化汛期环境治理。根据气象局发布的暴雨预警信号下发通知，要求各镇街和北企公司结合本辖区实际情况，实时安排和调整环卫作业，进行河岸垃圾和积水的清理。

六是加强督导和整改，巩固工作成效。根据区河长办下发的《河湖生态问题台账》，检查小组实地核查问题点位，跟踪督导问题整改落实情况，并对重点点位进行复查，巩固已有成效，防止问题反弹。2017 年至 2022 年共复查 184 次，出动检查人员 368 人次，督促整改环境卫生问题 230 处。

（三）加强考核，落实主体责任

（1）考核内容。按照《河长制考核工作方案》实施细则，下发《关于加强河湖周边环境卫生巡查检查及清理整治工作的通知》，要求各镇街、北企公司做好河道周边环境卫生巡查检查及清理整治工作，并将落实情况纳入各镇街、北企公司年度“河长制”考核评分。一是重点落实沿河垃圾收集、转运及处理处置措施（河岸及周边巡视检查记录和渣土清理等措施）；二是重点检查城市地表水体保护和控制的地域界线内，是否存在非正规垃圾堆放点及随意堆放生活垃圾，发现有随意堆放的要马上安排清理；三是建立环境卫生检查工作台账制度，认真做好河道周边检查巡查和台账记录工作，及时清理河道管理范围以外倾倒的垃圾渣土。

（2）考核评分。检查领导小组按照《昌平区城市管理委员会河长制考核细则》对22个镇街、北企公司开展河长制季度考核，四个季度的平均分为年终考核得分。

三、思考与启示

我委将按照区委区政府河长制工作要求，持续深入推进河长制工作，确保取得更大实效。

（1）进一步加强巡查督导。严格落实环境卫生行业部门监管职责，进一步增强执行力，切实抓好河长制“日巡查、月检查、季考评”工作，同时稳步推进垃圾分类工作，落实好指导、检查、督促，实现河岸环境保护工作的常态化和长效性。

（2）进一步加强协调沟通。市政市容综合服务中心牵头建立由市政市容综合服务中心主管科室、各镇街及北企公司环卫中心组成的河道两侧环境卫生检查工作微信群。同时确定各单位工作主管领导及联系人，建立点对点、人对人的协作机制，发现问题，立行立改，及时反馈，不断提升工作效率和质量。

（3）进一步落实属地责任。各镇街、北企公司发挥河长制主体责任，落实河湖两岸周边卫生管理和保护工作职责，进一步加大监管力度，制定发现、处置、养护长效管理工作机制，切实做好河道两岸的环境卫生管理工作。

阳坊镇河长制五年工作总结

阳坊镇河长制办公室

亮点

阳坊镇通过明确责任、积极部署、完善制度、摸清底数等措施，利用宣传及治理的手段，持续积极地开展入河排污口整治、清除河道垃圾渣土、更新河长信息、加大清四乱力度、争取资金改善区域水环境等具体措施，引导公众自觉节约水资源、保护水环境、爱护水设施，营造良好社会氛围，全面落实推进河长制工作。

一、案例背景

阳坊镇党委、镇政府始终坚持以党的十九大、习近平总书记环境保护系列重要讲话精神为指导，践行“绿水青山就是金山银山”的工作理念，按照“统一部署、属地负责、部门配合、集中整治”的原则，全面落实推进河长制工作。

二、主要做法和措施

（一）强化领导，明确责任

成立阳坊镇河长制办公室，办公地点设在阳坊镇农业服务中心（阳坊动物防疫站）。镇党委书记、镇长为镇级河长，各村书记为村级河长。明确各村书记为第一责任人，负责管护村内河道，开展日常巡查，建立好巡河档案，及时清理河道垃圾杂物；加强巡逻管控，定期开展巡查巡视。由镇级河长牵头，定期会同河长办、农服中心、综合执法队以及村级河长等工作人员，检查镇域河道情况，将河长制工作由意识形态落实到具体行动上，截至 2022 年 3 月全镇有效巡河里程 8045km，巡河人次 1150 人次。

（二）积极部署，定期调度

年初召开河长制专项工作部署会，对全年河长制相关工作进行安排部署；每月召开河长制工作例会，对工作中发现的问题进行汇总，报告给镇级河长；镇级河长再根据镇级副河长报告的情况召开会议，对相关工作进行协调和部署，并将协调部署内容以书面形式上报区级总河长办公室和区级河长。

（三）强化意识，完善制度

按照区委办、区政府办下发的《关于印发〈昌平区进一步全面推进河长制工作方案〉的通知》（京昌办字〔2017〕21号文）精神，结合阳坊镇实际情况，制定了《阳坊镇关于进一步全面推进河长制工作方案》及相关配套制度。阳坊镇始终将“河长制”作为重要议事议程，镇行政一把手逐一签批“河长制”文件，形成了由主要领导带头，各级河长共同发力的良好局面。

（四）摸清底数，创新工作

我镇辖区境内共有河道4条、总长20.62km，其中京密引水渠长7km、叉河长6.85km、高崖口沟河长3.85km、温榆河长2.92km。根据每条河道存在的问题逐条提出了个性治理方案，形成了“一河一策”。建立信息公开和宣传机制。向全镇公布“河长”名单，在河岸明显位置设立“河长”公示牌，标明河道名称、河道长度、“河长”姓名及职务、整治目标和监督电话等内容，接受公众监督。组织党员志愿巡河队，队员佩戴党员徽章和“志愿巡河”袖标，按照“三查”（查污水直排入河、垃圾乱堆乱到、涉河湖违法建设）、“三清”（清河岸、清河面、清河低）标准，全面开展河湖范围内水环境监督及巡查，及时发现及时制止，真正做到全民参与河湖生态环境保护行动。

（五）主动治理，高效解决

1. 在节假日期间组织开展形式多样的宣传活动

为落实好疫情防控工作，加强河湖环境管护，利用属地内的电子屏进行宣传，每天出动一辆宣传车进行宣传，并悬挂横幅80多条、警示旗10面，有效维护河湖良好秩序。各村充分发挥每个村管水员的作用，带头做好节水宣传工作。村级河长加强日常巡河管护，并利用红袖标人员，对京密引水渠、四家庄河、二道河等河湖两侧的人员聚集、烧烤、捕鱼、乱扔垃圾等不文明行为进行劝阻，在节假日期间共出动 819 人次。聘请村民或志愿者担任河道监督员，真正做到全民参与河湖生态环境保护行动中去。

2. 主动治理，改善辖区河道整体环境

（1）持续开展“四项行动”。彻底排查溯源沿河排水口污水入河问题，及时发现及时整改，坚决杜绝污水直排入河。彻底清理河道垃圾渣土等问题，对涉河湖垃圾渣土等“四乱”问题加大巡查、清理力度，杜绝新增，几年来共清理了影响河湖生态环境问题点位 57 处，督办件 13 处，并对辖区内“河长制”警示牌（10 块）信息及时更新。

（2）及时清理河道垃圾杂物。

1）共计清理叉河两岸杂草垃圾 182850m^2，清理河段河道淤泥并消纳 13614m^3，清理河底地被植物及垃圾 2217m^2，清理两岸坡旁堆放的建筑及生活垃圾 2023m^3。

2）散乱污企业清理：拆除叉河两岸建筑 43940.55m^2，京密引水渠两侧建筑 4167.09m^2。

3）畜禽养殖整治：清除一家养殖户（猪 1258 头，鸡、鸭、鹅共 625 只），拆除叉河两岸建筑 5340m^2。

（3）镇河长带队巡查核实情况。我镇域内原有入河排水口 130 个，其中雨水排口 44 个，污水排口 86 个，已于 2018 年 9 月将污水口全部封堵。镇域内 10 个村农村治污工程已全部完成，管网及设施正常运行，末端截污已全部解决。结合人居环境整治工作中的户厕改造和一体化设施工程，已于 2021 年 10 月改造完成，确保村内无污水横流和直排入河现象。

（4）积极争取财政项目，改善地区水环境。一是对史家桥、八口村、辛庄村三个村的生态进行治理；二是对二道河河道进行治理，完成前白虎涧村段挡墙护砌工程；三是对后白虎涧村南下河河道治理完成挡墙护砌；四是对叉河虎涧村西段挡墙护砌工程；五是对阳八路进行排水治理；六是对八口村东排水沟进行护砌；七是对阳亭路阳坊村段、阳八路阳坊村段、四家庄东南边沟进行护砌，对温北路边沟进行清淤；八是对京密引水渠西贯市村村南段排污口整治；九是对四家庄村排水沟、阳坊村防洪渠、东贯市村南三初小微水体完成整治。通过污水排除、淤泥清运，敷设排水管线等工作，有效改善了周边村民的生产生活条件，对项目区水环境保护起到了重要作用。到 2021 年为止阳坊镇无台账外新增的小微水体、未发现已销账小微水体问题反弹。

(5) 2021年阳坊镇结合积水点改造对东贯市村铁路下凹桥更换排水泵及清淤，并在两侧进行雨水沟截流工程、东贯市村挡水墙工程、四家庄村污水管道疏通工程；八口幼儿园路面积水处进行排水雨篦沟渠工程。

(6) 按照水利部相关工作要求，完成了镇域机井码粘贴、水量填报，通过小程序扫机井码，完成非远传机井的水量填报工作。完成了机井状态维护，实现了在用、备用和废弃三种状态的更新。完成了农村取水口和机井的挂接，办理取水许可证等工作。

三、思考与启示

一是继续坚持常态检查机制。充分调度镇村河长、各部门的主观意识，提高政治站位，紧密配合，积极协作，共同做好阳坊镇河长制各项工作。

二是严格坚持落实定期巡查调度、信息报送等常态机制，确保区域综合治理工作常态化。

三是继续广泛发动宣传。通过公众号、广播、户外条幅等宣传媒介，全方位，多角度地宣传动员，引导辖区人民、单位共同参与河长制工作，形成政府主导、部门联动、社会各界广泛参与的良好氛围，实现长“制”久清的目标。

四是针对叉河断面及温南路铁路桥下积水问题，制作阳坊中心街西侧管道进行雨污分流改造方案，具体工作由区水务局作为项目实施主体组织实施。

五是建议对污水处理站进行提标改造工作，提高污水处理站出水标准，使其满足下游断面考核的要求；同时要增加污水处理站的库容，保证进入污水处理站的污水都能得到处理，减少污水直排情况发生，并对河道进行清淤工程。

六是针对镇域内四个断面劣Ⅴ类水体问题，联合区生态环境局、区河长办对断面全面排查问题原因，认真分析原因，摸清上游排污、污水设施及管线损坏、溢流直排、河道污染等情况，健全台账，一河一策，避免水体水质恶化。严格日常监督，做好宣传引导。以“河长制”为抓手，形成部门联动，落实属地责任，加强监督检查，持续开展“清河行动”。加大节水和水环境保护宣传力度，持续推进污水收集处理和再生水利用设施向公众开放，引导公众自觉节约水资源、保护水环境、爱护水设施，营造良好社会氛围。

平谷区

“河长制”绘就水清岸绿生态美

平谷区河长制办公室

亮点

平谷区围绕“绿水青山就是金山银山”的发展理念，以河长制为抓手，全力打造“水清、河畅、岸绿、景美”的幸福河，在全市率先建立河长制组织体系和工作考核机制，组建管水员队伍，形成“区、镇、村”三级网格管护体系。充分发挥“河长＋警长＋检长”工作机制，建立了“发现—移交—督导—整改—核实—反馈”的工作闭环，开展了“清河行动”“清四乱”专项清理整治活动，动态更新小微水体问题整改台账。实现了山清水秀，鸟语花香，断面水质持续稳定达标，为人民群众缔造水美映照山色，水净润泽林草的美好生活。以实际行动留住绿水青山，奋力答好“生态卷”，擦亮平谷“水名片”。

一、案例背景

初春时节的泃河新城段，河水清澈、碧波荡漾，不时可见白鹭、野鸭或高翔或低飞，水中鱼儿或追逐或跳跃，沿河两岸绿意盎然，一派生机。作为全市首批优美河湖，平谷区泃河新城段全长 7.1km，自小辛寨石河汇入处起，流经至洵泃河三角洲，沿河涉及 3 个乡镇 6 个村，两岸农田屋舍、高楼林立，绿树成荫、鸟语花香，成为贯穿城乡的一道亮丽风景线。

可曾经的泃河新城段因年久失修堤岸破损、河道淤积，行洪能力明显不足。一直居住在这里的居民见证了这条河流“进化史”：“以前这里是鱼虾绝迹、臭气扑鼻，附近居民要捂着鼻子过河，沿河窗户都不敢打开。现在这里成了河长制示范段，水清了，环境也变好了。”居民感受到的变化，是实施中小河道治理、水体生态修复工程和全面推行河长制护水机制的聚力成果。

平谷区中小河道治理工程共涉及四个阶段 140km 的建设任务，占全市总任务的十分之一。目前，一阶段洳河新城段成功入选第一批北京市优美河湖，并成为平谷区河长制示范河段。二阶段治河利用现状河道优化提升，实现四水绕新城，增加水系面积约 200 万 m^2，绿化面积约 110 万 m^2，营造了“有水则清、无水则绿、和谐宜居”的亲水环境，形成环城水系经济圈，有效提升市民满意度和幸福感。三、四阶段治河创新生态治河“四化”理念，通过生态廊道、水域空间、坑塘净化、湿地修复等生物生态全链构建工程，形成水面面积 75.9 万 m^2，绿化面积 15 万 m^2，绿道 5500m^2，景观节点 1.5 万 m^2，提升蓄水能力和水体生态系统物种多样性，营造良好的水生态系统。

全区河道水网已搭建好，破解管护难题迫在眉睫。平谷区围绕“绿水青山就是金山银山”的发展理念，以河长制为抓手，全力打造“水清、河畅、岸绿、景美”的幸福河，在全市率先建立河长制组织体系和工作考核机制，组建管水员队伍，形成“区、镇、村”三级网格管护体系。充分发挥“河长＋警长＋检长”工作机制，建立了“发现—移交—督导—整改—核实—反馈”的工作闭环，开展了“清河行动”“清四乱”专项清理整治活动，动态更新小微水体问题整改台账。

自 2017 年河长制实施以来，全区清理垃圾渣土 21 万余 m^3，淤泥 8 万余 m^3，漂浮物 3 万余 m^3。地表水环境质量不断改善，由 2016 年地表水出境国家考核断面（东店断面）水质不达标，2017 年达到Ⅴ类水体，2018 年达到Ⅳ类水体，实现 2021 年达到Ⅲ类水体，高于考核标准两个等级，重要考核断面劣Ⅴ类水体全面消除，均达到或优于考核要求；水环境承载能力不断提升；地下水考核断面水质保持稳定。

二、主要做法和措施

（一）污水治理让河水更清

沿河镇村全面实施“截堵改、禁限养、疏整促”等措施，大力推进农村污水治理，实现污水不出村，出村无污水。沿河各镇村河长负责入河污水口的巡查管控，建立信息台账、精准定位，定期检查，杜绝污水直排。

（二）河长履职让河道更畅

全段共设立区级河长1名，镇级河长3名，村级河长6名。在各级河长坚持开展河湖日常巡查的基础上，创新各镇村河长每月1次集中开展统一巡河，提升巡河成效。充分发挥"河长平时看水，汛期看人"的工作要求，汛期加密巡查频次，及时发现解决河湖问题，消除安全隐患。

（三）专项治理让河岸更绿

河湖问题表现在水里，根源在岸上。在持续开展"清河行动"的基础上，全面开展河湖"四乱"问题专项整治工作，重点对河湖乱占、乱采、乱堆、乱建等河湖保护突出问题，采取"问题台账＋责任落实＋整改销号"工作方式，攻坚整改。

（四）部门联动让河景更美

用好"吹哨报到"，不断深化河长制成员单位间的联动机制，积极协调区水务局、区城管委、区生态环境局等相关部门，群策群力共同查处涉河湖违法行为，形成河湖管护高效运行机制和工作合力。

三、成效

泇河新城段是平谷区落实河长制工作，打造环境优美、生态均衡、可观可赏的样板河段的一个缩影。近年来，平谷区深入贯彻习近平生态文明思想，坚持生态涵养区功能定位，认真落实治水要从治村抓起、保水要从保绿抓起、节水要从种植抓起、管水要从沿岸抓起的水污染防治工作要求。从源头治理到科学管控，各级河长齐发力，各成员单位主动担当作为，通过一系列组合拳，换来了山清水秀，鸟语花香，断面水质持续稳定达标，为人民群众缔造水美映照山色，水净润泽林草的美好生活。以实际行动留住绿水青山，奋力答好"生态卷"，擦亮平谷"水名片"。

密云区

清水河（北庄段）治理经验

密云区河长制办公室

｜亮点｜

清水河流经北庄镇并贯穿全镇，自然风光秀丽；多年来北庄镇秉承习近平总书记“绿水青山就是金山银山”的发展理念，在保水护水方面取得了一定的成效。首先是扩大一线管护队伍，由几年前的20人扩大到了现在的29人。他们的主要工作：一是每日对镇域范围内的河道进行高效率多频次的巡查；二是在河道主要节点加装高清摄像头，实时把控各点位情况，确保发现问题的及时性，处理问题的时效性。其次是镇河长办会同北京清水小镇环境中心人员组建二级管护队伍，主要负责日常巡查监督工作，与一线护河员形成交叉巡查网络，在确保巡河无死角的同时监督护河员的在岗在位情况。经过不懈努力，清水河已连续多年被白天鹅、黑天鹅、野鸭子等野生动物造访，为清水河增添几分活力。

一、案例背景

北庄镇清水河流域总长34.1km，共分为4个河段，分别为坑子地河8.7km，大黄岩河9.9km，小黄岩河0.9km，清水河14.6km。现有护河护路人员共计29人，负责河道、公路日常管护；日常管理由镇河长办、北京清水小镇环境中心负责。

二、主要做法和措施

（1）加强领导，认真履行职责，镇河长办按照《北庄镇全面推进河长制工作方案》等文件要求，明确巡查范围及巡查内容，建立日常管理机制和工作台账。根据文件精神，认真履行职责，完成指导、协调、监督职能，牵头开展巡河活动并定期报送工作信息及巡查记录。

（2）广泛宣传，提升护河意识。镇河长办通过政府网站、微信公众号新闻、宣传橱窗、宣传手册等线上线下平台开展宣传活动，多角度宣传，加强广大群众的参与积极性，动员附近村民参与到清水河水域的保护工作之中。同时充分发挥党员的带头作用，将巡河保水工作纳入党员活动之中，进一步加强形成河湖保护长效机制。

（3）制定措施，开展综合整治。镇河长办每逢假期及平时不定期会同城管执法队、派出所展开联合执法。清水河水域存在的主要问题为：河面漂浮垃圾、河道边堆积废旧物品，河道内或沿岸倾倒废土，游人钓鱼、下水嬉戏、乱丢垃圾等不文明行为。针对这些问题镇河长办多次督促村级河长开展河道垃圾清理工作，对游人不文明行为进行劝阻，并取得初步成效。

三、成效

漫步于清水河畔，清澈见底的河水从脚下潺潺流过，滋养着两岸初绿的植被，岸边树木在绿与黄的交错中显示着季节的更替，三五成群的天鹅也穿梭于芦苇之中嬉戏觅食，一幅人与自然和谐共生的美丽画卷在眼前徐徐展开。河长制的实施，让清水河流域水生态体系持续改善，水质始终保持在Ⅱ类地表水质以上，吸引了多种珍稀鸟类在此栖息。

河长制是推进生态文明建设的必然要求，也是维护流域健康生命的治本之策。密云区秉承着“绿水青山就是金山银山”的理念，就做好清水河生态治理工作，始终抓细抓实区、镇、村各级河长制职责，为保障“清水下山，净水入库”筑牢根基。

沙厂水库治理经验

北京市密云区沙厂水库管理处

| 亮点 |

水源地环境治理和水生态保护工作是市委市政府、区委区政府长期以来重点关注和大力推进的一项生态工程和民生实事。近年来，沙厂水库管理处依法履职，压紧压实责任，以水资源、水环境、水生态“三水统筹”为原则，开展了河湖管护专项治理、渠道清淤、库区打捞垃圾等一系列水库环境治理和水生态保护工作。同时，建立健全水库库长责任制、水质检测、水质监督信息通报等体制机制，全面推进水库标准化管理创建，推动水库规范化运行管理建设等工作，有效保护和提升了水库水质，在保障水安全、改善水生态、优化水环境等方面发挥了重要作用。

一、案例背景

沙厂水库坐落于红门川河下游，密云区城东 22km 处，距市区 85km，发挥了抗洪减灾和城市环境用水的作用。沙厂水库属海河流域潮白河水系，控制流域（集雨）面积 128km^2。流域多年平均降雨量 609.4mm，多年平均径流量 2361 万 m^3，长年有径流入库。

沙厂水库还有另外一个名字“金鼎湖”，以“金鼎碧波”之名列入密云县旅游规划的“二十四景”中的“八大景”之一。沙厂水库四面环山，山中有湖，湖面既有宽阔洁净的区域，又有蜿蜒曲折水境。四周山势较低，坡度平缓，植被茂密，野生鸟类众多，山峰奇特壮观。沙厂水库以天然生态，郊野气息浓郁的田园景观，不加人工雕饰的自然风光吸引游客。水库旁的各式建筑，隐现在青山绿水之中，恰似仙宫琼阁；登临水库大坝，优美的大自然生态景观映入眼帘，碧波浩渺，水天一色；湖面水平如镜，倒映着蓝天白云，青山绿树，鱼儿在野鸭的追逐下跃出水面；环湖路两侧山花烂漫，鸟鸣啾啾，有山里村落坐落在水库周边，袅袅炊烟升起。这就是青山为体，碧水为魂的水源区特色。

二、主要措施及成效

因水资源的短缺，2004 年，区政府投资建设东水西调供水管网，自右输水洞将水引至城区，每年为城区供水约 400 万 m^3。2016 年区政府划定沙厂水库为一级饮用水水源保护区，成为了饮用水水源地。2017 年全面开展并推进河长制工作，把保护好水源地及周边生态环境的工作摆在首位。

（一）强化组织领导，成立环境整治行动小组

召开专题部署班子会，成立由管理处主任为组长，相关部门负责同志为成员的“沙厂水库水源保护行动领导小组”，明确指导思想、任务目标、工作步骤和工作要求，责任到人，抓好贯彻落实。进一步完善水库保护巡查制度，设立由 9 个人组成的安全巡视组，每天不定时进库区进行巡查，对重点水域加大巡查力度，发现问题，及时采取有力措施加以解决。

（二）清退养鱼产业，改善水库水质

由于养鱼产业污染，沙厂水库水质每况愈下，直接影响了人民的饮用水质量。2017 年 10 月，沙厂水库管理处对水库养鱼户开展了全面清养清退工作，现在网箱养鱼业已全部撤出水库，水库周边地区也在进一步改善，增加植被覆盖面积，减少污染源，严厉杜绝水库周边地区养殖、倾倒垃圾行为。

（三）广泛开展宣传，引导动员市民参与监督

有效传播生态文明理念，一是利用水库扩音系统、宣传车车载喇叭，对周边村民、游河市民进行《中华人民共和国水污染防治法》《中华人民共和国渔业法》《北京市河湖管理条例》等法律法规的广泛宣传，大力宣传保护渔业生态环境和打击电、毒、炸鱼等非法捕捞的重要意义，教育和引导广大群众依法自觉保护水生态环境。二是以悬挂宣传条幅、发放宣传单、对外公布监督举报电话等方式，积极鼓励人民群众提供详实可靠的信息，参与监督。

（四）开展联合执法，加大巡查执法处罚力度

2019 年 9 月 25 日至 10 月 13 日，通过密云融媒体中心发布水源保护

管理通告，告知广大群众禁止在饮用水水源一级保护区内从事网箱养殖、旅游、游泳、垂钓或者其他可能污染饮用水水体的活动。同时，沙厂水库管理处会同区生态环境局、区农业农村局、区水务局水务综合执法队察大队、镇派出所、镇城管执法队、镇农办开展联合巡查执法行动，采取水路陆路齐头并进的执法形式，进行昼夜巡查，对水事违法现象和行为进行查处，加大执法处罚力度。

（五）通过多措并举，提升水环境治理新成效

沙厂水库管理处组织开展了水库水环境专项整治活动。一是对水源地周边及上游水源区一级保护范围内的生活垃圾、秸秆、柴草树木、废弃农作物进行彻底清理。二是针对库区内水域漂浮垃圾，利用船只，组织保洁人员对水面及岸坡白色垃圾、漂浮物进行打捞、收集，并按照垃圾分类规范要求进行集中处理。

三、成效

（1）据北京市环境保护监测中心及北京市水务局网站公开数据显示：2017 年自河长制工作开展后，沙厂水库水质逐年好转，2022 年与 2017 年同期相比水质有了质的飞跃。

（2）沙厂水库依法严厉打击各类破坏水生态和水资源的行为，库区钓鱼、违法下网捕鱼等现象日渐减少，形成了打击非法垂钓行为的高压态势，有力维护了库区水资源环境和水库水质。

（3）不枉一湖好水，不负如黛青山。大力整治后的沙厂水库绿水荡漾，青山葱翠，恢复了“岸青水绿”的面貌，成群候鸟在此聚集。据观测，2020 年 5 月至 10 月，除了平时常见的麻雀、喜鹊、灰喜鹊、燕子等小型鸟类，有更多的白鹭、苍鹭、鸬鹚、野鸭等体型较大且不常见的水鸟前来沙厂水库栖息繁衍。其中数量最多的是在 6 月至 9 月观测到的鸬鹚，数量达到 200 只以上，2020 年以前沙厂水库没有观测到鸬鹚的出现，大量鸟类的前来也给沙厂水库的生态环境增加了新的生机。

四、思考与启示

目前，人类正面临着水资源短缺和浪费严重的局面，那么水库资源作为水资源的一种重要形式，怎么守护好、发展好水库，如何发挥好水库最大的社会和经济效益，这无疑是摆在我们水务人面前的难题。一是严格落实保水、护水职责，健全水库水质保护责任制，建立水库水质专项整治问责制，形成“一级抓一级、层层抓落实”的工作格局。二是加大水库技术管理人才队伍建设。水库管理是一项技术性较强的工作，要重视充实技术力量。进一步明确各水库一线技术人员岗位职责，加强技术人员在编、在岗、在位等管理工作和业务学习、培训，交流工作经验。三是全力发动库区周边群众参与监督管理，加大违法行为曝光力度，强化社会舆论攻势，发动全社会共同关注、共同监督，引导广大市民树立保护饮用水水源地人人有责、人人受益的大局观念。四是加强各相关部门的沟通协调，密切协作与配合，齐抓共管，发挥合力，确保首都水源安全，使水利事业更好地为发展经济和人民生活服务。

清水河治理经验

密云区河长制办公室

亮点

2020年10月，太师屯镇党委在过去镇环卫中心、保水大队的基础上，进一步完善城乡环境一体化管护机制，在全区率先成立镇生态环境保护大队，统筹各类执法和管护力量，构建起职责明确、边界清晰、行为规范、保障有力、运行高效、充满活力的生态环境保护体制机制。

太师屯镇生态环境保护大队由镇党委委员、组织部部长任政委，主管副镇长任大队长，全镇各部门均参与其中，提升管理效能。一是将镇级执法队伍融入一体化管护机制中，进一步整合优化镇级协管员队伍，解决了乡镇执法力量断层难题，形成了生态环境保护强大合力，为城乡环境治理提供强大支撑；二是在各村成立生态环境保护中队，通过整合、下沉、赋权，形成合力，壮大村级工作力量。由党支部书记任中队长，强化监督抓好落实，统一村内城乡环境工作的任务分配和工作职责，确保城乡环境治理各项工作都能落到实处，解决以往“村里看得见，管不着；破除了区里管得着，看不见”的机制弊端，形成了镇、村两级明确的扁平化城乡环境管护体系。

一、案例背景

清水河，源自京东第一高峰雾灵山，是密云水库上游重要河道之一，由大城子镇北沟村进入密云境内，流经大城子镇、北庄镇、太师屯镇，从太师屯镇上金山村流入密云水库，全长36.3km，总流域面积197.1km。清水河沿途风景优美，是徒步的不二选择。从起点东草茨到终点土门，全程12km左右，山谷之间，溪流为伴，鱼虾、天鹅、蝴蝶随行，一路乡间小道、鸟语花香，别有一番滋味。

二、主要做法及成效

（1）强化组织领导。镇主要负责同志多次主持召开专题推进会议，研究解决存在问题，安排部署做好河长制工作。由镇生态办保水负责同志担任河长办主任，进一步加强对河长制工作的组织领导。成立镇级生态环境保护大队和34个村级生态环境保护中队，统筹管护力量，壮大乡村力量，形成工作合力。

（2）加强水域岸线管理保护。2022年以来，镇村两级自行排查整治突出涉河问题8670个，立行立改问题8670个；河长整改巡河发现问题124个，已整改完成114个，其余问题正在积极解决中。开展春季河湖环境整治专项行动，重点清理河道及周边垃圾、渣土和水面漂浮物，重点整治污废水直排、违法建设等涉河湖问题。

（3）推广北京河长APP使用。2022年来，河长累计巡河1286次，共2039.754km，并全部按要求完成巡河任务。镇级河长通过APP掌握村级河长巡河情况、重点任务、日常监管等内容。通过APP实时记录河长巡河轨迹、距离、时间等功能，做到信息问题及时上报、举报问题及时办理。北京河长APP的推广使用，细化量化了河长履职情况，全面实现了“工作留痕，有理有据”。

（4）加强保水护水宣传引导。春季以来，太师屯镇联合区保水大队举办了“世界水日”“中国水周”系列宣传活动，通过普法进机关、进校园、进商铺、进村庄等多种途径，提高群众保水意识。向学校、村庄发放保水宣传材料1000余份，开展宣讲活动10余次。

（5）实施水生态治理修复。加大对清水河太师屯镇域段4.3km河道的保护力度，通过实施清淤工程、打捞漂浮物等手段，持续推进水生态体系改善，实现水质始终保持在Ⅱ类地表水质以上，吸引了天鹅、赤麻鸭、白枕鹤等多种鸟类在此栖息。

三、思考与启示

（1）农村水环境管护仍需加强。我镇现有河长制巡查员、保水网格员队伍年龄结构偏大、专业性较弱，日常使用的保洁工具相对简陋。在对河道进行日常清理保洁的工作中，主要以清理岸坡和近岸水面的垃圾为主，而对水面中央漂浮物和大面积水草的清理则因机器、人力、成本等原因存在限制，无法做到全面的日常保洁，间接影响农村水环境改善。

（2）信息化应用仍需进一步完善。目前，河长台账主要来源于密云河长 APP，区级相关部门以及第三方人员对各镇进行实地检查，并下发相关台账要求整改。但河道重要点位视频监控、无人机及卫星遥感监测尚未实现全覆盖，导致不能全面及时掌握全流域河湖管理情况，及时打击偏僻河段涉河违法行为。

半城子水库治理经验

密云区河长制办公室

亮点

半城子水库位于密云区北部山区，密云水库上游，自然风光秀丽多姿，多年来为保护库区的绿水青山，水源水质，水库管理处采用多种方式方法，取得了一定成效。首先是成立党员巡查队，发挥党员先锋模范作用，每日安排党员步行巡视库区周边，主要工作：一是便于向周围游人进行保水护水宣传；二是能及时发现隐蔽区域污染物等；三是低碳出行践行绿色环保理念，减少汽车尾气污染；四是通过每日适量健步行走，提高巡查队队员的身体素质。此项活动自2016年起实行至今已坚持7年，平均每年劝离库区周边钓鱼、捕鱼、烧烤、露营、滑冰等游人约500人次，每名党员每年平均绿色出行约400余km，每年寒暑假前夕都会到水库周边村庄和中小学校园进行安全警示教育和保水护水宣传活动。其次通过争取资金2018年在库区重点区域加装围网和监控，有效地减少了游人随意进出库区的情况，大大减轻了污染源进入库区的威胁，并对重点部位实行24小时监控，确保发现问题及时处理，有效地确保了水库安全。再次通过科学调蓄库容有效地保障了水库主体工程的安全，并根据调度安排及时向密云水库及下游村镇进行补水工作，保障下游群众的生产、生活用水需求，改善河道生态系统。经过管理处职工的不断坚守和努力，确保水库常年保证在Ⅱ类水质，近年来随着水环境的不断改善，更吸引了十余种野禽动物来此栖息，为优美的库区环境增添了几分活力。

一、案例背景

半城子水库位于北京市密云区不老屯镇半城子村北，水库源自潮河水系牤牛河，发源于不老屯镇西驼古村东沟，主、干流河道长 32km，水库流域控制面积 66.1km^2，是密云三座中型水库之一，也是密云区唯一一座沥青混凝土斜墙土石坝（由清华大学水利系设计）。河道为砂卵石覆盖，半城子村以下，河谷开阔，两岸平缓。半城子水库总库容为 1020 万 m^3，水库被群山包围，常年有野生飞鸟、野鸭等栖息。绿水青山，环境优美，河道内有麦饭石沉积，被人们冠以“不老湖”美誉。

二、主要做法及成效

（1）加强库区管理，2018 年加设围网 2800m，实现库区主要区域全封闭，加装高清视频监控摄像头 5 处，对库区重点区域实现全覆盖。利用外置喇叭播放各类警示宣传语达 1000 小时。2021 年修复库区破损围网近百处，新设安全警示牌 2 块，保水、护水知识宣传栏 2 组，悬挂警示条幅 18 条。

（2）加强宣传引导。寒、暑假前夕开展走进校园水安全宣传活动，向学校、水库周边各村发放宣传材料 4000 余份；加强库区巡查人员业务培训工作，在巡查工作中做到文明执法，在劝阻游人时使用礼貌用语，避免发生肢体或言语冲突。

（3）加强重点时间段管理工作，每年“清明”“五一”“十一”等小长假期间，库区周边游人较多，有部分游人会私自进入库区进行涉水娱乐活动，给水体安全及水体环境带来极大隐患，管理处会相应地增加库区巡查人员数量、加密巡查次数。2021 年出动巡查车辆 610 车次、快艇 230 船次，巡查人员 1500 人次，制止各类违规涉水人员 481 人次。

（4）加强水环境检测工作，库区巡视人员每天都会定期到库区周边进行查看，发现问题及时汇报，2021 年因上游河道入库流量较大，进入库区大量漂浮物，管理处及时安排打捞人员进行库区漂浮物清理，经过 1 个多月的紧张打捞工作，全面完成库区漂浮物清理工作。全年共出动水面保洁人员 1582 人次，清理各类漂浮物 5000 余 m^3。

（5）开展党员巡查队活动，广大党员利用业余休息时间自发沿库区步行巡逻或慢跑巡逻，为库区安全提供有效保障的同时也增强了广大党员的身体素质。

（6）发挥水库调洪功能，改善下游河道生态，半城子水库 2021 年，

全年降水量为 978.3mm，比多年平均降雨量 634.7mm 多 54%；年来水量 3155.8 万 m^3，比多年平均来水量 667.0 万 m^3 多 373%。出库水量 3016.9 万 m^3，比多年平均出库水量 665.2 万 m^3 多 353%。汛期通过科学调度变闸调洪 22 次，未造成下游人员及财产损失。

延庆区

落实最严格河长制工作考核制度

北京市延庆区河长制办公室

亮点

延庆区是2022年北京冬奥会三大赛区之一，是北京市唯一的全域水源涵养区，生态涵养区之一。践行两山理论，建设最美冬奥城，既是延庆的政治任务，也是使命担当。

自2017年实施河长制以来，延庆区分级分段设立区、镇、村三级河长，河湖水环境从“无序管理”实现“管理责任制”。建立健全河长制相关工作制度，明确河长职责，强化河长制工作考核，各级河长认真履职，巡查、管护工作有序开展。建立河湖水环境长效管护机制，设立河湖管护专项资金，充分运用考核结果，实施激励与问责，压紧压实河长责任，全面提升延庆河湖生态水环境，奋力建设生态、文明、幸福的最美冬奥城。

一、案例背景

延庆区作为首都生态涵养区，始终坚持生态立区理念，以河长制为统领，全力提升区域水环境、水生态。实施河长制不是喊喊口号，而是要切切实实落实责任，更需要依靠强有力的考核来推动河长制从“有名”向“有实”转变。因此，需要制定和完善一套考核内容全面、标准统一规范、权重设置合理、方法科学有效、结果运用良好的河长制考核问责机制，督促各级河长积极履职尽责，全面推进河长制落地生根、开花结果。

延庆区落实最严格河长制工作考核办法，强化考核运用，落实激励和问责。切实压实属地管理职责，督促倒逼河长履职尽责，确保河长制工作落实见效，全区地表水环境质量指数保持全市前列，人民群众的获得感、幸福感与日俱增。

二、主要做法和措施

延庆区河长办建立健全河长制工作考核制度，明确考核细则，落实激励问责，压力层层传递、责任层层落实。

一是明确考什么。制定《延庆区河长制工作考核办法》。遵循客观公正、科学合理、系统综合、规范透明、奖惩并举的原则，根据延庆区河湖管理保护特点和要求，以河长履职情况、河长制工作制度落实情况、上级河长及河长办督办事项办理情况为共同考核指标，对全区 15 个乡镇、3 个街道河长及河长办和 6 个公园河湖管护单位开展河长制工作考核。对 15 个涉河乡镇河湖“四乱”问题整改、辖区内涉河工程项目审批报备情况，3 个非涉河街道社区雨箅子清理、雨污管线维护情况，6 个公园河湖管理单位开展水环境问题治理情况实行差异化考核。

二是明确怎么考。采取月度考核和年度考核相结合的方式。月度考核主要内容包括基层河长巡河情况、上级督办问题办理情况、市级检查问题整改情况、区级检查问题整改情况、河道施工建设审批情况、信息报送情况。年度考核中 12 个月考核平均成绩占年终考核成绩的 60%，市级年度督查检查情况、年度区级问题台账整改情况、河长制工作会议组织情况、半年及年度总结报送情况，年度河长制工作亮点可作为加分项。

三是明确怎么用。充分发挥考核问责的导向作用和激励约束作用。将河长制考核结果纳入区委书记月度点评会，全区通报，加强各单位之间横向对比。落实激励问责，对年度考核成绩突出单位给予奖励经费；对于年度内季平均考核成绩靠后的单位进行约谈。与领导干部自然资源离任审计挂钩，将领导干部任期内河长制工作考核情况纳入离任审计考核体系。将整改情况作为考核的重要参考，追踪上一阶段河湖“四乱”问题整改情况，对于整改不到位、落实不及时的，持续考核通报。

三、成效

一是河长制考核体系日益完备。延庆区建立了较为系统、科学、可实施的河长制考核体系，以考核正导向、以考核促工作、以考核激活力，形成了一级抓一级、层层抓落实的工作氛围，使河长制实现了上下贯通，2021 年被评为水利部激励市县。

二是河长履职更加规范。基层河长严格落实河长职责，扎实有序开展了巡河、治河、护河工作。2021年河长巡河3.4万次，巡河里程15.5万km，193人次获评全市勤劳河长、慧眼河长。

三是河湖长效管护机制逐渐完善。部分乡镇结合自身实际情况，探索建立起河道巡查队、河道管护队、联合执法工作队等，逐渐实现河湖长效管护。2021年境内新增6条段有水河，新增有水河段共计41km，全区有水河道累计共29条288.6km，占全区河道总长的47.9%，河流径流量明显提升，地下水位逐年回升。

四是河湖水环境持续改善。持续推动“清河”“清四乱”常态化规范化，水环境问题处置形成“巡查—下发—整改—反馈—复核”的闭环，2021年全年清理“四乱”问题2400余处，河湖“四乱”问题动态清零，水生态环境持续向好，人民群众的幸福感获得感稳步提升。

四、思考与启示

一是充分发挥考核的“指挥棒”作用。不断完善考核管理机制，采取通报、约谈、曝光等多种方式，加大整改力度，发挥好考核督促指挥作用，倒逼河长履职尽责。

二是设立动态河长制考核指标。注意考核指标与阶段性任务相一致，与年度折子工程、责任清单等衔接。同时根据考核情况、工作目标、任务进展情况等及时分析、调整重要指标，确保考核体系动态优化，适用于当前考核工作。

三是规范考核指标的采集和归纳。加强水务、生态环境、自然资源、农业农村等部门之间的沟通联系，确保指标规范统一。